Christian Dancker

Einfluss verschiedener Katecholamine auf die Mikroperfusion und Oxygenierung des Gastrointestinaltraktes beim Pferd in Allgemeinanästhesie

Cuvillier Verlag Göttingen
Internationaler wissenschaftlicher Fachverlag

Bibliografische Information der Deutschen Nationalbibliothek
Die Deutsche Nationalbibliothek verzeichnet diese Publikation in der Deutschen Nationalbibliografie; detaillierte bibliografische Daten sind im Internet über http://dnb.d-nb.de abrufbar.

1. Aufl. - Göttingen : Cuvillier, 2016

Zugl.: Hannover (TiHo), Univ., Diss., 2016

Nonnenstieg 8, 37075 Göttingen
Telefon: 0551-54724-0
Telefax: 0551-54724-21
www.cuvillier.de

1. Auflage, 2016

Gedruckt auf umweltfreundlichem, säurefreiem Papier aus nachhaltiger Forstwirtschaft.

ISBN 978-3-7369-9249-8
eISBN 978-3-7369-9249-9

Tierärztliche Hochschule Hannover

Einfluss verschiedener Katecholamine auf die Mikroperfusion und Oxygenierung des Gastrointestinaltraktes beim Pferd in Allgemeinanästhesie

INAUGURAL – DISSERTATION
Zur Erlangung des Grades
eines Doktors der Veterinärmedizin
- Doctor medicinae veterinariae -
(Dr. med. vet.)

vorgelegt von
Christian Dancker
Wolfsburg

Hannover 2016

Wissenschaftliche Betreuung: Prof. Dr. Sabine Kästner, Klinik für Kleintiere, Tierärztliche Hochschule Hannover

1. Gutachter: Prof. Dr. Sabine Kästner

2. Gutachter: Prof. Dr. Manfred Kietzmann

Tag der mündlichen Prüfung: 29.04.2016

Til mine forældre og min familie

Inhaltsverzeichnis

1 Einleitung 11
2 Literaturübersicht 13
2.1 Mikrozirkulation und Oxygenierung 13
2.1.1 Definitionen 13
2.1.2 Medizinische Bedeutung bei Mensch und Tier 14
2.1.3 Methoden zur Messung der Oxygenierung und Mikrozirkulation 18
2.1.3.1 Plethysmographie 18
2.1.3.2 Kapillarmikroskopie 19
2.1.3.3 Radioactive Xenon Clearance 20
2.1.3.4 Elektromagnetische Flussmessung 21
2.1.3.5 Weißlichtspektroskopie 21
2.1.3.6 Nahinfrarotspektroskopie 22
2.1.3.7 Pulsoxymetrie 24
2.1.3.8 Laser-Doppler Flussmessung 25
2.1.3.9 Doppler Ultraschall 27
2.2 Verwendung des Gerätes O2C in Medizin und Forschung 28
2.3 Adrenozeptoren 29
2.3.1 Aufbau und Funktion 29
2.3.2 Verteilung im Organismus 31
2.4 Katecholamine 32
2.4.1 Endogene Katecholamine 32
2.4.1.1 Adrenalin 34
2.4.1.2 Dopamin 34
2.4.1.3 Noradrenalin 36
2.4.2 Synthetische Katecholamine 37
2.4.2.1 Dobutamin 38
2.4.2.2 Phenylephrin 39
2.4.3 Verwendung von Katecholaminen in der Medizin 41
3 Material und Methode 44
3.1 Probanden 44

3.2 Instrumentierung ... 44
3.2.1 Gefäßzugänge ... 44
3.2.2 Allgemeinanästhesie ... 45
3.2.3 Erhaltung in Allgemeinanästhesie ... 45
3.2.4 Aufbau und Funktion des O2C Gerätes ... 46
3.2.5 Messparameter ... 51
3.2.5.1 Herzfrequenz ... 51
3.2.5.2 Kapnographie ... 51
3.2.5.3 Blutdrücke ... 51
3.2.5.4 Herzminutenvolumen ... 52
3.2.5.5 Blutgasanalyse ... 52
3.2.5.6 Systemischer Gefäßwiderstand ... 52
3.2.5.7 Alveolärer Totraum ... 53
3.2.5.8 Bestimmung der peripheren Mikroperfusion mit dem O2C ... 53
3.2.6 Versuchsablauf und Messzeitpunkte ... 54
3.2.7 Testsubstanzen ... 55
3.3 Versuchsende ... 56
3.4 Auswertung und Statistik ... 56
4 Ergebnisse ... 59
4.1 Ablauf der Versuchsreihe ... 59
4.2 Globale Kreislaufparameter ... 59
4.2.1 Arterieller Blutdruck ... 59
4.2.2 Pulmonalarterieller und zentralvenöser Druck ... 62
4.2.3 Herzfrequenz ... 64
4.2.4 Schlagvolumen ... 65
4.2.5 Herzminutenvolumen ... 66
4.2.6 Peripherer Gefäßwiderstand ... 68
4.2.7 Arterieller und gemischtvenöser Sauerstoffpartialdruck ... 69
4.2.8 Arterieller, gemischtvenöser und endexspiratorischer CO_2 Partialdruck 70
4.2.9 Alveolärer Totraum ... 71
4.3 Mikrovaskulärer Blutfluss (Flow) ... 72

4.3.1 Dünndarm ... 72
4.3.2 Dickdarm ... 74
4.3.3 Magen ... 77
4.4 Gewebesauerstoffsättigung ... 79
4.4.1 Dünndarm ... 79
4.4.2 Dickdarm ... 80
4.4.3 Magen ... 81
4.5 Vergleich der Baseline Messungen ... 83
5 Diskussion ... 84
5.1 Methodik ... 84
5.1.1 Messung der mikrovaskulären Perfusion und Oxygenierung ... 84
5.1.2 Versuchsprotokoll ... 86
5.2 Diskussion der Ergebnisse ... 87
5.2.1 Dobutamin ... 87
5.2.1.1 Einfluss auf die globalen Kreislaufparameter ... 87
5.2.1.2 Einfluss auf die mikrovaskuläre Perfusion und Oxygenierung ... 89
5.2.2 Dopamin ... 91
5.2.2.1 Einfluss auf die globalen Kreislaufparameter ... 91
5.2.2.2 Einfluss auf die mikrovaskuläre Perfusion und Oxygenierung ... 92
5.2.3 Noradrenalin ... 94
5.2.3.1 Einfluss auf die globalen Kreislaufparameter ... 94
5.2.3.2 Einfluss auf die mikrovaskuläre Perfusion und Oxygenierung ... 97
5.2.4 Phenylephrin ... 98
5.2.4.1 Einfluss auf die globalen Kreislaufparameter ... 98
5.2.4.2 Einfluss auf die mikrovaskuläre Perfusion und Oxygenierung ... 101
5.2.5 Vergleich der Baseline Messungen untereinander ... 102
5.2.6 Schlussfolgerung und Ausblick ... 104
6 Zusammenfassung ... 107
7 Summary ... 109
8 Literaturverzeichnis ... 111

Abkürzungsverzeichnis

Abb.	Abbildung
alvDS	alveolar deadspace (alveolärer Totraum)
AU	arbitrary unit
bzw.	beziehungsweise
E_T	End-Tidal
EKG	Elektrokardiogramm
cAMP	cyclisches Adenosinmonophosphat
GIT	Gastrointestinaltrakt
ggr.	geringgradig
hgr.	hochgradig
Hz	Hertz
Iso	Isofluran
i.v.	intravenös
i.m.	intramuskulär
IPPV	intermittent positive pressure ventilation
Kg	Kilogramm
KGW	Körpergewicht
µg	Mikrogramm
mgr.	mittelgradig
Min.	Minute
mmHg	Millimeter Quecksilbersäule
mmol	Millimol
O_2	Sauerstoff
p_aCO_2	arterieller Kohlendioxidpartialdruck
p_aO_2	arterieller Sauerstoffpartialdruck
p_vCO_2	venöser Kohlendioxidpartialdruck
p_vO_2	venöser Sauerstoffpartialdruck
PIP	peak inspiratory pressure

s	Sekunde
SD	standard deviation (Standardabweichung)
Std.	Stunde
sO_2	Sauerstoffsättigung
sog.	sogenannt
Tab.	Tabelle
u. a.	unter anderem
v. a.	vor allem
Vol.	Volumen
z. B.	zum Beispiel

Sonderzeichen

α	alpha
β	beta
DA	Dopamin
%	Prozent
>	größer als
<	kleiner als

1 Einleitung

Seit den Anfängen der modernen Anästhesie Mitte des 19. Jahrhunderts gab es im Bereich der Humanmedizin zahlreiche Studien und Untersuchungen, die sich mit der Sicherheit der Allgemeinanästhesie beschäftigt haben, mit dem Ziel, Risikofaktoren zu isolieren und Methoden zu finden, diese zu minimieren und zu eliminieren (DERRINGTON u. SMITH 1987; PEDERSEN et al. 1990; JONES 2001).

Auch in der Veterinärmedizin hat die Allgemeinanästhesie in den letzten Jahren zunehmend an Bedeutung gewonnen. So besteht auch hier großes Interesse, narkoseassoziierte Risikofaktoren zu erkennen und zu beheben. Faktoren, die gehäuft bei einigen Autoren mit narkoseassoziierten Zwischenfällen in Verbindung gebracht werden, sind die Gewebeperfusion und die Sauerstoffversorgung des Patienten (PRINGLE et al. 2000; EDNER et al. 2002; RAISIS 2005b).

Im Vergleich zur Humanmedizin und der Kleintiermedizin, geht die Allgemeinanästhesie beim Pferd mit einem höheren perioperativen Risiko einher (JONES 2001; JOHNSTON 2005). Beim Pferd können schwerwiegende pathologische Veränderungen des Gastrointestinaltraktes zu endotoxämischen und hypovolämischen Schockzuständen führen, die, wenn sie in Allgemeinanästhesie auftreten, das Narkoserisiko für den Patienten erhöhen (PROUDMAN et al. 2006).

Aus diesem Grund muss ein Ziel der Allgemeinanästhesie das Aufrechterhalten einer adäquaten Perfusion und Oxygenierung zentraler und peripherer Organe sein. Hierfür kommen auch Katecholamine vermehrt zum Einsatz, insbesondere, um den Blutdruck des Patienten zu stabilisieren. Katecholamine üben substanz- und speziesspezifische Effekte aus, die den Kreislauf des Patienten in verschiedenster Weise beeinflussen können. Substanzen wie z.B. Noradrenalin können sowohl vasokonstriktorische als auch vasodilatative Eigenschaften haben, die je nach Gefäßbett unterschiedlich zum Tragen kommen und so den arteriellen Blutdruck über die Modulation des peripheren Gefäßwiderstandes beeinflussen. Aber auch über eine positiv inotrope oder chronotrope Wirkung können Wirkstoffe wie Dobutamin direkt die Kontraktilität des Myokards und die Herzfrequenz des Patienten verändern. In welchem Umfang diese Substanzen ihre pharmakodynamischen Eigenschaften, vor allem in Bezug auf die regionale Gewebeperfusion entfalten, ist bisher jedoch noch nicht in vollem Umfang erforscht worden. In vorangegangenen Studien konnte jedoch bereits gezeigt werden, dass es nicht immer einen linearen Zusammenhang zwischen globalen Perfusionsparametern wie dem Herzauswurf und dem arteriellen Blutdruck und der regionalen Perfusion des Magendarmtraktes (HOPSTER et al. 2015) und der Muskulatur beim Pferd gibt (EDNER et al. 2002). Ein gezielter Einsatz von bestimmten Katecholaminen könnte also unter Umständen dazu beitragen, nicht nur den Blutdruck des Patienten, sondern auch die regionale Perfusion bestimmter Gewebe in Allgemeinanästhesie zu verbessern.

Beim Pferd ist die Perfusion und Oxygenierung der Muskulatur von besonderem Interesse, da die Entstehung von intra- und postoperativen Myopathien eine schwerwiegende Komplikation der Allgemeinanästhesie ist (RAISIS 2005b). Aber auch die Entstehung einer gastrointestinalen Kolik in der postoperativen Phase bei Equiden ist eine ernstzunehmende Komplikation, deren direkter Zusammenhang zur Allgemeinanästhesie an sich jedoch bisher noch nicht direkt nachgewiesen werden konnte. Für Patienten, die aufgrund einer Kolik notoperiert wurden, wird die Inzidenz einer erneut auftretenden Kolik kurz nach dem Eingriff in Prozentzahlen von 30-50% angegeben, ist aber abhängig sowohl von der Ursache der Kolik, als auch von weiteren Faktoren wie unter anderem der Erfahrung des Chirurgen, der Operationsdauer, der Operationstechnik und dem präoperativen Allgemeinbefinden des Patienten (HUNT et al. 1986; PROUDMAN et al. 2002; MAIR u. SMITH 2005). Für Patienten, die aufgrund einer anderen Ursache einem elektiven Eingriff unterzogen werden, liegt diese Inzidenz hingegen nach NELSON et al. (2013) nur bei 8,7 %. Hier ist das Auftreten einer postoperativen Kolik auch eher mit der Allgemeinanästhesie in Verbindung zu bringen als bei den chirurgischen Kolikpatienten, bei denen die allgemeine Erkrankung des Gastrointestinaltraktes sicherlich einen weiteren, wenn nicht sogar größeren Einfluss ausübt. Inwiefern das Auftreten einer postoperativen Kolik jedoch durch eine Verbesserung der intestinalen Mikroperfusion in Allgemeinanästhesie beeinflusst werden kann, ist bisher noch nicht geklärt.

So ist das Ziel dieser Studie, den Einfluss unterschiedlicher Katecholamine auf globale und regionale Perfusionsparameter zu untersuchen. Es soll geklärt werden, welchen Effekt Veränderungen des arteriellen Blutdruckes oder des Herzauswurfes auf die Perfusion des Gastrointestinaltraktes beim Pferd haben, in der Hoffnung, dem Entstehen von narkoseassoziierten Komplikationen weiter entgegen zu wirken.

2 Literaturübersicht

2.1 Mikrozirkulation und Oxygenierung

2.1.1 Definitionen

Unter Mikroperfusion oder Mikrozirkulation versteht man im Allgemeinen die Blutzirkulation im kapillaren Endstromgebiet des Gewebes, bestehend aus Arteriolen, Venolen, Kapillaren und den Verbindungszweigen zwischen diesen Strukturen, bis zu einer Größe von bis zu 100 µm (DEN UIL et al. 2008). Die Oxygenierung ist die Sauerstoffsättigung des Blutes, welches die Bindung von Sauerstoff an Transportproteine der Erythrozyten darstellt, hier v.a. von Bedeutung das Hämoglobin. Das über die Lunge eingeatmete O_2 wird an das Hämoglobin gebunden und dann entlang des Endstromgebietes an das Gewebe abgegeben, um dort die Zellen mit Sauerstoff zu versorgen. In einem voll funktionsfähigen Kreislaufsystem bestehen also eine intakte „Aufsättigung" des Blutes mit Sauerstoff im Lungenkreislauf, sowie eine reibungslose Extraktion des Sauerstoffes im Kapillarnetzwerk. Abhängig von der metabolischen Aktivität des individuellen Gewebes, stellt sich das Kapillarnetzwerk unterschiedlich dicht dar. Als Produkt aus Perfusionsdruck, Gefäßtonus, Flusseigenschaften des Blutes und Durchgängigkeit der Kapillaren ergibt sich der Blutfluss im Kapillarnetzwerk (INCE 2005). Als oberste Steuereinheit steht das sympathische Nervensystem, welches die glatten Muskelzellen der Gefäße innerviert, aber auch durch Zell-zu-Zell Übertragung von stimulierenden Signalen findet eine lokale Kontrolle des Gefäßtonus und damit des Blutflusses statt (DIETRICH u. TYML 1992). Störungen in diesem sensiblen Kreislauf zwischen Aufrechterhaltung eines nötigen Gefäßtonus ohne Beeinträchtigung eines adäquaten Blutflusses führen unter Umständen zu Unterversorgung von Geweben, Ansammlung von Abbauprodukten des Zellmetabolismus und zwangsläufig zum Untergang von Zellverbänden, der je nach Ausmaß schwere Folgeschäden für den Gesamtorganismus mit sich tragen kann.

2.1.2 Medizinische Bedeutung bei Mensch und Tier

Die adäquate Sauerstoffversorgung und Aufrechterhaltung der Makro- und Mikrozirkulation, ist insbesondere in intensivmedizinischen Situationen und in Allgemeinanästhesie von essentieller Bedeutung.
Mit der Entwicklung moderner Überwachungsgeräte in der Medizin ist es möglich geworden, sowohl die globale Aufsättigung des arteriellen Blutes, als auch den Fluss des Blutes im Kapillarnetzwerk zu beurteilen. Auch die Messung des Sauerstoffgehaltes im venösen Schenkel der Blutzirkulation, der bis zu 70% des Blutvolumens beinhalten kann (PANG 2001; BLOMQVIST u. STONE 2011), ist mittlerweile möglich und so auch die Option, die Sauerstoffextraktion und damit die Vitalität von Geweben besser zu beurteilen. Durch die Erfindung und Modifizierung verschiedenster Techniken sind Zusammenhänge entdeckt worden, die vermehrt den Fokus auf die Bedeutung der Mikrozirkulation in der Entstehung und Entwicklung einer Vielzahl von Krankheitsbildern lenkt.
Bereits 1922 veröffentlichten FREEDLANDER und LEHNHART ein Review, in dem ein Überblick über die Anfänge und die ersten Forschungsergebnisse im Bereich der Mikrozirkulationsdiagnostik gegeben wird. Dort werden auch schon Zusammenhänge vorgestellt von Veränderungen der Mikroperfusion und verschiedenen Krankheitsbildern, wie akuten Infektionen, traumatischen oder septischen Schockgeschehen, oder durch die Einwirkung von Medikamenten. Interessant ist hier auch der Hinweis auf erste Ergebnisse von Studien, die darauf hindeuteten, dass ein hoher Blutdruck entgegen gängiger Annahme, kein sicherer Indikator für eine ausreichende Versorgung der peripheren Gewebe ist.

Die Gefäßversorgung des Gastrointestinaltraktes der Säugetiere unterliegt einer Vielzahl an regulativen Mechanismen, die bis heute noch nicht in vollem Umfang erforscht und verstanden worden sind. Die Makrozirkulation, beginnend mit den Abzweigungen der großen Körpergefäße Aorta und V. *cava*, stellt die Haupt zu- und abführenden Gefäßstrukturen im Splanchnikus Gebiet dar. Anatomisch ist es möglich, den Weg von den großen Gefäßen bis hin zu dem fein gestrickten Kapillarnetzwerk des Magens und der Darmanteile zu verfolgen. Während die zirkulative Versorgung der *Serosa* und *Muskularis*-Anteile der Darmwände wichtig für die nutritive Versorgung der Darmabschnitte selber ist, stellt die Regulierung des Blutflusses der Mukosa-Schichten einen essentiellen Bestandteil der Ernährung des gesamten Organismus dar. Während in Ruhe oder in Stresssituationen die Durchblutung des Magen-Darm-Traktes in der Versorgung gegenüber überlebenswichtigeren Organen wie dem Herzen oder dem Gehirn zurück stehen muss, wird nach der Aufnahme von Nahrung der mikrovaskuläre Blutfluss der Mukosa beachtlich erhöht (CHOU et al. 1976; CHOU u. COATNEY 1994). So wird sichergestellt, dass die Nährstoffe aus dem Chymus mit höchst möglicher Effektivität aufgenommen werden können. So erfolgt diese Umverteilung der Blutressourcen des Organismus zum einen durch lokale, autonome Regelung des Blutflusses, aber auch in Abhängigkeit vom systemischen Blutdruck, Gefäßzustand und dem Herzauswurf und unter Einfluss des sympathischen Nervensystems, findet eine mehr- oder weniger ausgeprägte Versorgung des Splanchnikus-Gebietes statt (MATHESON et al. 2000). Ein fehlerhafter Regulierungsvorgang in diesem Zusammenspiel aus Makro- und Mikrozirkulation kann mit fatalen Folgen für den Gesamtorganismus einhergehen. So wird einer Dysregulation der Perfusion des Gastrointestinaltraktes eine treibende Rolle in der Progression verschiedener Krankheitsbilder zugeschrieben. Wird der Blutfluss der Mukosa nicht aufrechterhalten, läuft der Organismus Gefahr durch mangelnde Vitalität der Enterozyten die Aufrechterhaltung der intestinalen Barrierefunktion nicht mehr gewährleisten zu können (XU et al. 1993; RAHMAN et al. 2003; WIEST u. RATH 2003). So können neben der Entstehung inflammatorischer Produkte wie freier Radikale und Zytokinen, v. a. gram-negative Bakterien bzw. ihre Abbauprodukte und Toxine in die Zirkulation geraten und zu systemischen Entzündungsreaktionen, septischen und endotoxämischen Schockzuständen führen (DEITCH et al. 1990; FINK 1991; SWANK u. DEITCH 1996; TAYLOR 2015). Aber auch umgekehrt kann die Entstehung einer Minderperfusion des Splanchnikusgebietes wiederum durch einen septikämischen und endotoxämischen Zustand provoziert oder verschlimmert werden (WHITWORTH et al. 1989; XU et al. 1993). So konnte ein Zusammenhang zwischen verschiedenen Arten von Schockzuständen und einer verschlechterten Mikroperfusion und Oxygenierung von Magen und Darmanteilen bei humanen Patienten und in

Tierversuchsmodellen nachgewiesen werden (NÖLDGE-SCHOMBURG et al. 1996; HILTEBRAND et al. 2000; JAKOB et al. 2001; DE BACKER et al. 2004; SPANOS et al. 2010). Dieser Zusammenhang wird durch die Autoren vor allem durch die negativ beeinflusste zentrale Perfusion erklärt, also einer Verschlechterung des arteriellen Blutdruckes, sowie von Herzauswurf, kardialer Schlagkraft und Regulierungsvorgängen der Gefäßtonisierung in der Peripherie.

Wie groß die Rolle des Gastrointestinaltrakts allerdings bei der Entstehung, bzw. der Verschlechterung der pathophysiologischen Vorgänge solcher Krankheitskomplexe bei Mensch und Tier ist, ist nach wie vor nicht ausreichend geklärt. Deutlich wird aber ein Zusammenhang zwischen einer negativen Überlebensrate und einer beeinträchtigten Versorgung des Mikroperfusionsbettes (JHANJI et al. 2009; SPANOS et al. 2010). So wird speziell dem Gastrointestinaltrakt von einigen Autoren auch eine entscheidende Rolle in der Entstehung bzw. der Progression eines Multi-Organ Versagens zugesprochen (MAINOUS et al. 1995; HUMER et al. 1996; NIEUWENHUIJZEN et al. 1996; NIEUWENHUIJZEN u. GORIS 1999; HASSOUN et al. 2001; FINK 2003; LEAPHART u. TEPAS III 2007). Bei Pferden ist bei Krankheitsbildern wie der akuten gastrointestinalen Kolik, das Auftreten von Endotoxinen im peripheren Blut verstärkt im Vergleich zu gesunden Pferden nachgewiesen worden (SENIOR et al. 2011). Ein Zusammenhang zwischen einer Ischämie des intestinalen Gewebes in Folge von Obstruktion oder Strangulation, konnte als ursächlich für eine Translokation von bakteriellen Zellwandbestandteilen mit der Folge einer Endotoxämie verantwortlich gemacht werden (MOORE et al. 1981). Dass eine schlechte Mikroperfusion hier ein grundliegendes Problem darstellt, ist offensichtlich. In wie fern diese aber durch Medikamente in der Anästhesie positiv oder auch negativ beeinflusst wird, bzw. beeinflusst werden kann, ist eine Fragestellung, die beim Pferd noch nicht zufrieden stellend beantwortet ist.

Aus Studien an menschlichen Probanden und unterschiedlichen Tierspezies geht aber hervor, dass die Mikroperfusion des Magendarmtraktes durchaus durch Anwendung von Medikamenten wie Katecholaminen zu beeinflussen ist (s. Kapitel 2.3) und auch, dass unterschiedliche Anästhetika und Techniken der künstlichen Beatmung einen Einfluss auf die Zirkulation im Splanchnikusgebiet haben können. Vor allem der

Einsatz von verschiedenen volatilen Anästhetika wird im Zusammenhang mit einem Verlust der peripheren Perfusionsqualität diskutiert. So konnten O'RIORDAN et al. (1997) bei humanen Patienten mit Desfluran eine bessere Durchblutung des hepatischen Gefäßbettes im Vergleich zu Isofluran nachweisen, während HARTMAN et al. (1992) bei Hunden einen dosisabhängigen Abfall des muskulären und intenstinalen Blutfluss unter Halothan und Isofluran, aber nicht mit Desfluran sahen. GELMAN et al. (1984) beschreiben Isofluran als überlegen gegenüber Halothan in Bezug auf den porto-hepatischen Blutfluss bei Hunden in Allgemeinanästhesie. SCHWARTE et al. (2010) zeigten, dass bei Hunden während einer Propofol-Anästhesie bestimmte Katecholamine weniger effektiv auf die Mukosa Oxygenierung des Magens einwirkten, als im Vergleich zu einer Anästhesie mit Sevofluran. Auch das Durchführen von alveolären Rekrutierungsmaneuvern bei der maschinellen Beatmung von Patienten, konnte mit negativen Effekten auf den Blutfluss im Splanchnikus in Zusammenhang gebracht werden, sowie auch das kontinuierliche Anwenden von positiven inspiratorischen und endexspiratorischen Drücken einen negativen Einfluss auf die gastrointestinale Mikrozirkulation und Oxygenierung hat (STEINBERG et al. 1996; DE BACKER 2000; KIEFER et al. 2000; NUNES et al. 2004).

Im Hinblick auf die Mikrozirkulation der Muskulatur bei Pferden, wurde in den vergangen Jahrzenten, aufgrund der zunehmenden Popularität von Eingriffen in Narkose, die Entstehung und Vermeidung von anästhesie-assoziierten Komplikationen beschrieben. JOHNSTON et al. (2002) geben das Auftreten von ischämischen Myopathien mit einer Rate von 7% als Todes- bzw. Euthanasieursache *post operationem* an und diskutieren hier zum einen den Einfluss der Lagerung des Tieres, sowie den Zusammenhang zu einer schlechten kardiovaskulären Situation während der Anästhesie, eine Beobachtung, die auch andere Autoren zuvor bestätigen konnten (GRANDY et al. 1987; LINDSAY et al. 1989). EDNER et al. (2002, 2005) zeigten in diesem Zusammenhang v. a. eine Korrelation von Herzauswurf und Beatmungstechnik zu der Mikroperfusion der Muskulatur. Das Anästhesie-Management kann also anhand dieser Studien nicht nur Einfluss auf die globale, sondern auch die regionale Zirkulation nehmen.

2.1.3 Methoden zur Messung der Oxygenierung und Mikrozirkulation

Dieses Kapitel soll im Weiteren einen kurzen Überblick über einige wichtige Methoden in der Diagnostik und Beurteilung von Mikrozirkulation und Oxygenierung, vor allem beim Pferd aber auch bei anderen Spezies geben.

2.1.3.1 Plethysmographie

Die Plethysmographie findet ihren Ursprung im Ende des 19. Jahrhunderts und stellt somit eine der ältesten bekannten Messmethoden im Bereich der Blutflussmessung dar. Sie basiert auf dem Prinzip der Verdrängung einer Masse in Abhängigkeit vom Blutfluss. So wurde anfänglich eine Extremität in eine feste Manschette oder Jacke verbracht und zwischen Jacke und Extremität Wasser eingeleitet. Durch die vermehrte Füllung der Gliedmaße bei venöser Stauung wurde das Wasser verdrängt und diese Verdrängung registriert und mit der Flussveränderung in Zusammenhang gebracht (HEWLETT u. VAN ZWALUWENBURG 1909).

In der heutigen Perfusionsdiagnostik werden weiterentwickelte Verfahren angewandt, die aber demselben Grundprinzip der Verdrängung folgen. Hoch sensible Dehnungssensoren sind entwickelt worden, die in der gängigen Literatur als Dehnungsmessstreifen oder im Englischen „strain gauge" genannt werden. Sie enthalten leitfähige Metalllegierungen und werden um eine Extremität herum angebracht. Bei Veränderungen des Gliedmaßenumfanges durch Blutflussschwankungen, ändert sich die Länge der Dehnungsmessstreifen wodurch der elektrische Widerstand moduliert wird. Dieser Vorgang wird registriert und umgerechnet in die Einheiten Fluss in ml/100 ml (WHITNEY 1953; HOKANSON et al. 1975). Der klinische Nutzen dient heute vor allem der Erkennung von Verschlusskrankheiten menschlicher Gefäße. Hier wird durch eine Druckmanschette, die beispielsweise am Oberschenkel angebracht wird, der Blutfluss moduliert. Je nach Druckniveau ist man so in der Lage, den venösen Abfluss zu unterbrechen und für einige Sekunden den arteriellen Influx von Blut zu messen. Durch den verhinderten Ausweg des venösen Blutes kommt es zu einer Zunahme des Beinvolumens, welches von den Dehnungsmessstreifen registriert werden kann. Diese Anwendung ermöglicht es also eine Aussage über die arterielle Perfusion einer Gliedmaße zu treffen oder bei angepasster Anwendung die Geschwindigkeit des venösen Abflusses zurück zum Herzen zu messen. Die Technik gibt so sensible Aufschlüsse über Blutflussparameter der Extremitäten (BLAZEK u. NOPPENEY 2007). Limitierungen dieser Technik sind aber im Vergleich zu photometrischen und anderen Messmethoden, die Begrenzung der Anwendbarkeit auf die Extremitäten des Körpers und erlaubt so keine Aussage über die Perfusion weiterer spezifischer Gewebe und Organe, wie Haut oder Muskulatur, und ist auch im veterinärmedizinischen Bereich durch ihre mangelnde Durchführbarkeit bei Tieren weniger relevant.

2.1.3.2 Kapillarmikroskopie

Die Kapillarmikroskopie ist eine Technik bei der das Kapillarbett an ausgewählten Lokalisationen direkt visualisiert und beurteilt werden kann. Die Kapillaren werden mit einem Lichtmikroskop vergrößert dargestellt und der Untersucher kann so die Form und Ausprägung dieser Strukturen beurteilen. Die Kapillarmikroskopie gehört zu den ältesten Techniken im Bereich der Forschung der mikrovaskulären Strukturen und beruht unter anderem auf der Entdeckung von Gefäßstrukturen an durchsichtigen Schwanzflossen von Fischen im späten 17. und frühen 18. Jahrhundert durch John Marshall und wurde mit den Fortschritten in der Entwicklung hoch auflösender Lichtmikroskope stetig weiter entwickelt (FREEDLANDER u. LENHART 1922; WIEDEMAN 1981). Die Technik ist vor allem an Lokalisationen anwendbar, an denen die Kapillaren in günstiger Position zur Auflicht-Untersuchung liegen (ALTMEYER et al. 1997). Beim Menschen ist dies häufig die Nagelfalz, woher diese Technik auch umgangssprachlich als „Nagelfalzmikroskopie" bezeichnet wird. An dieser Stelle liegen die Kapillarschlingen sehr oberflächlich und horizontal, was eine gute Visualisierung ermöglicht. Je nach technischer Ausführung können bei der konventionellen oder statischen Kapillaroskopie die Strukturen im Standbild beurteilt werden. Hier steht v.a. die Kapillardichte, –form und –verteilung im Vordergrund. Bei der dynamischen Kapillaroskopie wird ein Videomikroskop verwendet, welches häufiger mit höheren Auflösungen arbeitet und so die Visualisierung des Blutflusses ermöglicht. Mit Hilfe computergestützter Hilfsmittel kann so auch die

Blutflussgeschwindigkeit errechnet werden. In der Humanmedizin hat sich diese Technik bei der Beurteilung spezifischer Krankheitsbilder wie einer systemischen Sklerodermie oder einem Diabetes mellitus bewährt, da bei ihnen häufig pathognomische Veränderungen der peripheren Kapillare zu finden sind (HERN u. MORTIMER 1999). In der Veterinärmedizin hat diese Technik nicht an klinischer Relevanz gewonnen, da wenige geeigneten anatomischen Lokalisationen zur Verfügung stehen, die sich für diese Technik eignen. Auch die Beurteilung der Mikrogefäßversorgung an Organoberflächen ist mit dieser Technik nur sehr eingeschränkt und invasiv möglich.

2.1.3.3 Radioactive Xenon Clearance

Diese Technik wurde vornehmlich entwickelt um den dermalen Blutfluss beim Menschen zu untersuchen und beruht auf der Detektion eines radioaktiven Wirkstoffes, der in die lokale dermale Blutbahn injiziert wird und abhängig von der Durchblutung und Blutflussgeschwindigkeit ein bestimmtes Verteilungs- und Eliminationsmuster zeigt. Dabei wird ^{133}Xenon intradermal appliziert und mittels einer Gammakamera detektiert. Der unmittelbare Anstieg und Abfall der Detektion wird in Zusammenhang mit der Perfusion des untersuchten Gebietes gestellt (CHIMOSKEY 1972). Im Bereich der Veterinärmedizin wurde diese Technik zur Perfusionsmessung an der Muskulatur anästhesierter und wacher Pferde angewendet und eignete sich um nachzuweisen, dass die Blutzirkulation der Muskulatur in Allgemeinanästhesie niedriger ist als im Vergleich zum stehenden unsedierten Pferd (WEAVER et al. 1984). Limitierungen der Technik sind neben dem lokalen Injektionstrauma, welches auch mit der initialen Verteilungskurve interferieren kann, dass keine kontinuierlichen Messungen möglich sind und dass ^{133}Xenon in der Lage ist, sich umzuverteilen und zu rezirkulieren. So ist nicht sicher gegeben, dass das detektierte ^{133}Xenon nicht nur einmalig durch das untersuchte mikrovaskuläre Bett strömt, sondern zwischen Arteriolen und Venolen hin und her diffundiert oder sich im umliegenden Gewebe der Venen anreichert (RAISIS 2005a). Außerdem erfordert diese Technik ausgiebiges Equipment und stellt hohe technische Ansprüche an den Anwender.

2.1.3.4 Elektromagnetische Flussmessung

Bei der elektromagnetischen Flussmessung wird um bzw. an ein Gefäß eine Sonde angebracht, die ein elektromagnetisches Feld erzeugt. Der Blutfluss erzeugt dann in diesem Feld eine Signalveränderung, die computerassistiert in Flusseinheiten umgerechnet werden kann (SCOTT u. SANDLER 1978a). Vorteil ist eine direkte Echtzeit-Messung des Blutflusses innerhalb des zu untersuchenden Gefäßbereiches. In der Pferdemedizin hat diese Technik Anwendung gefunden in der Flussmessung koronarer Gefäße (TRANQUILLI et al. 1981) und Gefäßen des Metakarpus, sowohl an anästhesierten wie auch an nicht anästhesierten Pferden (SCOTT u. SANDLER 1978b, 1980). Die Messsonden müssen allerdings direkt auf bzw. um das Gefäß angelegt werden, welches häufig eine chirurgische Implantation erforderlich macht und die Messung im kapillären Gebiet ausschließt. Die Technik ist also insgesamt als invasiv zu betrachten und steht somit neueren, deutlich weniger invasiven Techniken zurück.

2.1.3.5 Weißlichtspektroskopie

Der Begriff „weißes“ oder auch „sichtbares“ Licht steht für polychromatisches Licht eines Wellenlängenbereiches, welches vom menschlichen Auge erfasst werden kann und ist ähnlich dem Licht, das handelsübliche Glühbirnen ausstrahlen. Die Erzeugung des Lichtes erfolgt bei dieser Technik häufig mit leistungsstarken Lichtquellen wie einer Xenon oder Halogen Leuchte. Die Photonen verlassen die Erzeugerquelle und werden z. B. über Glasfaserkabel an das zu untersuchende Gewebe weiter geleitet, gestreut, reflektiert und absorbiert. Hier erfolgt eine Veränderung der Strahlung durch die Erythrozyten, bzw. durch die Chromophoren des Blutes. Vor allem das Hämoglobin interagiert mit den Photonen und absorbiert einen Teil der Strahlung, abhängig von der Anzahl an geladenen Sauerstoffmolekülen. Das so veränderte Farbspektrum wird von der Detektoreinheit der Geräte registriert und über den Vergleich mit Referenzspektren für die Oxygenierungskurve des Hämoglobins entsteht ein prozentualer Wert für die Sauerstoffsättigung des Blutes (ZIJLSTRA et al. 2000;

BENARON et al. 2004; BENARON et al. 2005; KRUG 2006). Die Erfassung der Oxygenierung des gesamten Kapillarnetzwerkes, also auch des venösen Schenkels, macht diese Technik ähnlich der Nahinfrarotspektroskopie, aber im Gegensatz zu der Pulsoxymetrie, besonders geeignet Rückschlüsse auf eine Gewebehypoxie zu stellen, da die venöse Sättigung ein gutes Maß für die Sauerstoffextraktionsfähigkeit des Gewebes ist. Weiteres zu der Technik ist im Abschnitt 3.2.1 beschrieben, im Rahmen der Erklärung zu dem Aufbau des Studiengerätes „O2C", das unter anderem auf dieser Technik beruht. In veterinär- und humanmedizinischen Versuchsreihen hat die Technik in der Diagnostik verschiedener ischämischer und hypoxischer Krankheitszustände Anwendung gefunden. Sowohl in der dermatologischen Diagnostik (NEWTON et al. 1994; KESSLER et al. 1996; SINGH et al. 2010; HARRISON et al. 2011; JØRGENSEN u. SCHROEDER 2012), bei der Untersuchung von oraler und gastrointestinaler Serosa und Mukosa (GERMANN et al. 1985; HASIBEDER et al. 1996; HAISJACKL et al. 1997; SINGH et al. 2008; SINGH et al. 2009; HÖLZLE et al. 2012) und der Muskulatur von Mensch und Tier (BENARON et al. 2004; GOLDMAN et al. 2010; ROTTER et al. 2012; SOMMER et al. 2013).

2.1.3.6 Nahinfrarotspektroskopie

Die Nahinfrarotspektroskopie stellt ebenfalls eine nicht invasive optische Überwachungsmöglichkeit der Gewebe- und Blutoxygenierung dar. Die Technik operiert im nahinfraroten Lichtbereich von ca. 750 bis 900 nm. Strahlung in diesem Wellenlängenbereich wird von den meisten Geweben und Knochen transmittiert, allerdings von Blut- und Gewebefarbstoffen gut absorbiert. Hier sind v. a. das Hämoglobin, Myoglobin und die Cytochrom-c-Oxidase von Bedeutung (COPE u. DELPY 1988). Die Absorption der Strahlung durch diese Gewebechromophoren ist von ihrem Oxygenierungsgrad abhängig, bzw. bei der Cytochrom-c-Oxidase von ihrem Reduktions-Oxydationszustand (JOBSIS 1977). Desoxygeniertes Hämoglobin hat ein Absorptionsmaximum bei ca. 660 und 760 nm während sich die oxygenierte Form, durch einen erhöhten Absorptionskoeffizienten, davon im Bereich von ca. 900 bis 640 nm deutlich absetzt (HINCKLEY et al. 1995; STROJNIK u. PAEZ 2013). Diese Messmethode bietet also die Möglichkeit, kontinuierlich in dem zu Grunde liegenden Gewebe den Grad der Oxygenierung zu bestimmen und einen Sättigungstrend zu ersehen. Im Bereich von 780 bis 870 nm hat die oxidierte Form der Cytochrom-c-Oxidase einen höheren Absorptionskoeffizienten als die reduzierte Form, welches die beiden gut unterscheidbar macht. Die Beurteilung des Redox-Zustandes bietet die Möglichkeit, eine Aussage über die mitochondriale Sauerstoff-Verfügbarkeit zu treffen, um die Oxygenierung des gesamten Gewebes und nicht größerer Blutbahnen besser einzuschätzen. Im Bereich der Pferdemedizin konnten HINCKLEY et al. (1995) bei gesunden und akut und chronisch kranken Hufrehe-Patienten mittels Nahinfrarotspektroskopie eine vergleichende Aussage über die hämodynamischen Verhältnisse im Bereich der distalen Zehe treffen, während PRINGLE et al. (2000) sich die Technik zu Nutze gemacht haben, um die Muskeloxygenierung von Pferden zu beurteilen. In dieser Studie wurden verschiedene „Extremsituationen", die zu einer Gewebehypoxie führen können, untersucht. So wurde stehenden Pferden hypoxisches Atemgas insuffliert, die Gliedmaßen mittels Stauung in einen ischämischen Zustand verbracht und eine Gruppe der Pferde wurde auch in Allgemeinanästhesie verbracht und einem ähnlichen Prozess unterzogen. Die Nahinfrarottechnik erwies sich hier als zuverlässig in der Detektion und Unterscheidung von hypoxischen und ischämischen Gewebezuständen. Die Technik eignet sich also gut für die Beurteilung der Gewebeoxygenierung und bietet durch die höhere Wellenlänge des nahinfraroten Bereiches eine Eindringtiefe, die z.T. im cm-Bereich beschrieben wurde (COPE u. DELPY 1988; MATCHER et al. 1997). Ein etwaiger Nachteil des Verfahrens ist die Beeinflussbarkeit durch Gewebepigmente wie Melanin und Hautareale mit dichter und dunkler Behaarung, wie es bei Pferden häufig der Fall ist (PRINGLE et al. 1999). Auch die Möglichkeit zur Beurteilung des Blutflusses im zu untersuchenden Gewebe ist bisher für die Tiermedizin nicht ausreichend beschrieben worden und auch marktreife Systeme sind bisher kaum ausgebaut oder kommerziell verfügbar.

2.1.3.7 Pulsoxymetrie

Bei dieser Messtechnik operieren die gängigen Geräte mit einer Lichtquelle, die Licht einer Wellenlänge von 660 nm und 940 nm aussendet. In der Regel ist gegenüber dem Transmitter ein optischer Detektor angebracht, der die Strahlung wieder empfängt und spektrophotometrisch analysiert. Zwischen Sender und Empfänger wird das zu untersuchende Gewebe gebracht, in dem dann die ausgesandte Strahlung mit den Hämoglobinmolekülen interagiert. Abhängig von dem Beladungsgrad mit Sauerstoffmolekülen hat das Hämoglobin, wie bereits erwähnt, einen unterschiedlichen Absorptionskoeffizienten und führt zu einer Veränderung der spektralen Eigenschaften des Lichtes, also seiner Farbe. Die Wellenlängen 660 und 940 nm sind die gängigen Detektionsbandbreiten, da bei 660 nm desoxygeniertes Hämoglobin, und bei 940 nm oxygeniertes Hämoglobin jeweils ein Absorptionsmaximum erfährt (STROJNIK u. PAEZ 2013).

Der Detektor registriert diese Veränderung und vergleicht sie, wie bei ähnlichen Techniken, mit dem bekannten Referenzspektrum des Hämoglobins und gibt den Wert der Sauerstoffsättigung in Prozent aus. Die Technik registriert dabei plethysmographisch den pulsatilen Blutfluss und daher fast ausschließlich die Sättigung des arteriellen Blutes im Kapillarnetzwerk. Ein Vorteil der Technik ist, dass durch die Registrierung des pulsatilen Blutflusses die Pulsfrequenz ermittelt und ausgegeben werden kann, daher auch der Name Pulsoxymetrie. Diese Technik ermöglicht also minimal invasiv und in Echtzeit eine Aussage über die arterielle Sauerstoffsättigung des Patienten und gibt zusätzlich seine Pulsfrequenz an. Einschränkung dieser Technik ist zum einen, dass es keine Aussage über die venöse Sättigung des Gewebes erlaubt, also über die Sauerstoffextraktionsfähigkeit des Gewebes, sondern nur über die Fähigkeit des Lungenkreislaufes die Hämoglobinmoleküle im Blut aufzusättigen. Außerdem beschränkt sich die Anwendbarkeit durch die gegenüber liegende Postionierung von Sender und Empfänger häufig auf periphere Gliedmaßenbereiche und die Zunge. Kommerziell erwerbliche Systeme stammen häufig aus der Human- oder Kleintiermedizin und bieten in der Regel nur Clip-Sensoren an, deren Größe diese Messorte beim Pferd garnicht oder nur sehr beschränkt nutzbar machen. Des Weiteren sind bisher auch keine kommerziellen Geräte auf dem Markt, die eine Kalibrierung für das Haemoglobin der Equiden erfahren hat. Zusätzlich ist bei Patienten mit einem zentralisierten Kreislaufzustand häufig eine sichere Messung nicht möglich, da periphere Kapillarbereiche hier unterversorgt sein können oder eine lokale Vasokonstriktion vorliegt (SECKER u. SPIERS 1997; TALKE u. STAPELFELDT 2006). Eine weitere mögliche Limitierung ist die mangelnde Eigenschaft andere Hämoglobinspezies wie Methämoglobin oder Carboxyhämoglobin zu erkennen und nicht als Oxyhämoglobin fehlzuinterpretieren. Diese Eigenschaft ist nur in Systemen möglich die mehr als 2 Wellenlängen verwenden um so Oxyhämoglobin von Carboxyhämoglobin zu unterscheiden.

2.1.3.8 Laser-Doppler Flussmessung

Die Laser-Doppler Flussmessung oder Flowmetry basiert auf der Interaktion von Photonen aus monochromatischem Laserlicht mit beweglichen Teilchen im Gewebe (BONNER u. NOSSAL 1981, 1990). Die Frequenz befindet sich je nach verwendetem Lasertyp im sichtbaren bis hin zum nahinfraroten Frequenzbereich. Das Laserlicht wird von der Lichtquelle aus emittiert und i.d.R. über Glasfaserbündel an das Gewebe geleitet. Die Photonen werden in dem zu untersuchenden Gewebe von statischen und beweglichen Teilchen gestreut, absorbiert und transmittiert (FREDRIKSSON et al. 2007). Der Anteil des Lichtes der mit den beweglichen Teilchen zusammen trifft, im Gewebe sind das die Erythrozyten, erfährt durch die Interaktion eine Frequenzveränderung, einen sog. „Doppler-Shift“. Dieses Prinzip basiert auf dem Doppler-Effekt, woher die Technik auch ihren Namen hat.

Das Ausmaß und die Häufigkeit der Frequenz-Veränderung ist abhängig sowohl von der Menge an Erythrozyten im Gewebe, als auch von ihrer Geschwindigkeit (BONNER u. NOSSAL 1981; JAKOBSSON u. NILSSON 1993; FREDRIKSSON et al. 2007). Errechnet wird die Geschwindigkeit über die Differenz zwischen dem remittierten Licht, welches in der selben Frequenz wie das Ausgangslicht zurück kehrt und dem Anteil der Photonen, die einen Doppler-Shift erfahren haben. Um diese spektrale Auffächerung durch das Gewebe von dem Ausgangsspektrum zu differenzieren, ist es

von großem Vorteil wenn die Lichtquelle hoch monochromatisch ist, eine Tatsache, die einen Laser hierfür besonders geeignet macht.
Der Vorteil dieser Technik ist die Möglichkeit, den Blutfluss primär im mikrokapillären Gefäßbett zu messen, weshalb sie besonders geeignet ist um die Blutversorgung von Geweben zu beurteilen. Bereits 1997 konnten LE-CONG u. ZWEIFACH mittels der Laser-Technik erfolgreich den Blutfluss in von 10 bis 100 µm großen Kapillaren des Mesenteriums von Hasen messen. Anwendung hat die Methodik In-vivo und In-vitro für die Messung des Blutflusses in verschiedenen Geweben gefunden, sowohl in der Human- als auch in der Tiermedizin. Untersucht wurden hier vornehmlich die Durchblutung von Haut (HOLLOWAY u. WATKINS 1977; ÖBERG et al. 1984; DE BOER et al. 1989; JAKOBSSON u. NILSSON 1993; EUN 1995; FREDRIKSSON et al. 2009; ROTHENBERGER et al. 2014), gastrointestinaler Organe (AHN et al. 1985; KVIETYS et al. 1985; AHN et al. 1986; SAKAGUCHI et al. 1990; CORBETT et al. 2000; SINGH et al. 2008; FREDRIKSSON et al. 2009), und der Muskulatur, wo die Technik v.a. im Bereich der Pferdemedizin Anwendung gefunden hat (SERTEYN et al. 1986; SERTEYN et al. 1988; RAISIS et al. 2000d; EDNER et al. 2002, 2005; SOMMER et al. 2013). Ein potentieller Nachteil der Technik ist eine Empfindlichkeit für Bewegungsartefakte, da die Technik darauf beruht, dass die Erythrozyten das einzige sich bewegende Teilchen im Untersuchungsgewebe sind. Daher sollten Bewegungen vermieden werden und eine hohe Sekundenauflösung angewendet werden um Artefakte zu erkennen (FREDRIKSSON et al. 2007). Neben der Blutfluss-Analyse in einem Gewebe ist auch die Oxygenierung von entscheidendem Interesse, ein Parameter, der mittels Laser Flussmessung nicht erfolgen kann. Daher stellt die Kombination der Spektroskopie mit polychromatischem weißen Licht und der Flussmessung mit monochromatischem Laserlicht eine sehr interessante Diagnosemöglichkeit in der Medizin dar. Das hiesige Studiendesign verwendet ein solches Gerät, welches im letzten Abschnitt dieses Kapitels Erwähnung findet und dessen technischer Aufbau im Abschnitt 3.2.4 näher erläutert wird.

2.1.3.9 Doppler Ultraschall

Die Verwendung einer Ultraschall-basierten Blutflussmessung hat über die vergangenen Jahrzehnte in der Medizin zunehmend an Bedeutung gewonnen. Die Technik basiert, ähnlich der Laser-Doppler-Technik, auf der Interaktion von Ultraschallwellen einer bestimmten Frequenz mit sich bewegenden Teilchen, auch hier den Erythrozyten. Die ausgesandten Ultraschallwellen erreichen den Erythrozyten und verändern ihre Frequenz in Abhängigkeit der Geschwindigkeit und Flussrichtung des Teilchens, auch hier wird dieser Effekt als „Doppler-Shift" bezeichnet. Diese Veränderung der Frequenz wird detektiert und analysiert und in eine Geschwindigkeitseinheit umgerechnet. Abhängig ist diese Berechnung von dem Durchmesser des Gefäßes, dem Einstrahlungswinkel der Schallquelle, der Geschwindigkeit der Erythrozyten, der Frequenz der Strahlung und der Verteilungsgeschwindigkeit von Ultraschallwellen im Blut. Diese Technik ist so in der Lage, auch graphisch hochauflösend den Blutfluss in Blutgefäßen darzustellen, birgt aber auch zahlreiche Fehlerquellen, da Blutgefäße selten konstant ihren Durchmesser beibehalten und auch der Anschallwinkel der Sonde für eine korrekte kontinuierliche Messung gleich gehalten werden sollte (GILL 1985).

In der Pferdemedizin wurden von RAISIS et al. (2000a; 2000b; 2000c; 2000d) in mehreren Studien mittels Doppler-Ultraschall-Technik der Blutfluss in femoralen Gefäßen und der Herzauswurf gemessen. Hier konnte nachgewiesen werden, dass die Technik durchaus sensitiv in der Erkennung von Blutflussveränderungen in größeren Gefäßen ist, es wird aber auch deutlich, dass v.a. bei zeitgleicher Anwendung von Techniken die die Mikrozirkulation messen, ein erhöhter Blutfluss in einem größeren Gefäß nicht zwingend mit einer verbesserten Mikroperfusion des zu versorgenden Gewebes korreliert. Auch größere, interindividuelle Abweichungen der Messgenauigkeit konnten hier gesehen werden (RAISIS et al. 2000b).

In einigen human- und veterinärmedizinischen Versuchsmodellen und Studien zur Beurteilung intestinaler Vitalität im Hinblick auf Resektionsnotwendigkeit von Darmanteilen, stellte sich die Ultraschalltechnik als nur bedingt zuverlässig heraus. Vor allem im Vergleich zu anderen Techniken wie der Laser-Doppler Flussmessung, scheint die Ultraschall-Messung des Blutflusses nicht so genau in der prognostischen

Einschätzung von Gewebe-Überlebensfähigkeit zu sein (COOPERMAN et al. 1980; BULKLEY et al. 1981; ROTERING et al. 1982; DYESS et al. 1991).

2.2 Verwendung des Gerätes O2C in Medizin und Forschung

Das O2C-Gerät wurde von der Firma Lea Medizintechnik GmbH aus Gießen entwickelt, mit dem Ziel, ein Gerät zur nicht-invasiven Blutfluss Diagnostik auf den Markt zu bringen. Das Gerät findet bisher vornehmlich in der Humanmedizin seinen Einsatz, sowohl an menschlichen Patienten und Probanden als auch stellvertretend in Tierversuchsmodellen. Ein großer Vorteil gegenüber anderen Diagnostikmöglichkeiten ist die Fähigkeit des Gerätes, sowohl den relativen Blutfluss als auch die Sauerstoffsättigung und die relative Hämoglobinmenge eines spezifischen Gewebebereiches auswerten zu können.

Die Möglichkeit, kontinuierlich, nicht-invasiv und in Echtzeit die Mikrozirkulation zu überwachen, ist von großem Vorteil in allen Situationen, wo ein Gewebe in Gefahr ist aufgrund einer kritischen Versorgungssituation an Vitalität zu verlieren.

So wurde das Gerät bereits eingesetzt, um die Eignung von Haut- und Schleimhauttransplantaten zu beurteilen (HÖLZLE et al. 2012; ROTHENBERGER et al. 2013), oder die ausreichende Perfusion eines Organtransplantates nach Anschluss an das Empfängergefäßsystem zu erfassen (SCHEEREN et al. 2011).

Verschiedene Arbeitsgruppen haben hierfür das O2C zur intraoperativen Beurteilung der Mikrozirkulation eines Nierentransplantates beim Menschen eingesetzt, und konnten so dank der Perfusionsparameter eine genauere Prognose hinsichtlich der Akzeptanz des Organes und des postoperativen Erfolges der Operation stellen (FECHNER et al. 2009; MARTIN 2010; SCHEEREN et al. 2011).

Bei ischämischen Hauterkrankungen, wie es häufig im Rahmen eines Diabetes mellitus beim Menschen vorkommt, hat sich das Gerät als ein sehr hochwertiges Diagnostikum bewährt. So konnten an Patienten mit diabetischen Hautulzerationen nicht nur die Vorteile der Perfusionsbeurteilung lokaler Gewebeabschnitte hervorgehoben, sondern auch die Reproduzierbarkeit der Methodik des O2C bestätigt werden (BECKERT et al. 2004), auch im Vergleich zu nicht diabetischen, gesunden Probanden (FORST et al. 2008).

Zur näheren Charakterisierung der gastrointestinalen Mikrozirkulation und deren Beeinflussbarkeit durch verschiedene Krankheitsbilder und Medikamente wurden auch vermehrt Tierversuchsmodelle mit Schweinen und Kleinnagern etabliert.
So wurden u.a. die Auswirkungen Sepsis-bedingter Kreislaufstörungen bei Mäusen (ALBUSZIES et al. 2005) oder der Einfluss von Hämodilution und endotoxämischen Zuständen auf den Schweinedarm mit dem O2C als Diagnostikum untersucht (PITTNER et al. 2003; SCHWARTE et al. 2005).
In vorangegangenen Studien konnten REICHERT et al. (2014) das O2C Gerät am Pferdedarm etablieren und HOPSTER et al. (2015) mit Hilfe des O2C eine Korrelation zwischen Herzauswurf und Blutdruck und der Mikroperfusion des Magendarmtraktes und des Pferdes herstellen. Der Einsatz dieses Gerätes bietet also in vielen verschiedenen Geweben und Organen, zuverlässige und reproduzierbare Ergebnisse und stellt so ein geeignetes Instrument für die Versuchsreihe dieser Studie dar. Limitierungen in der Anwendung werden auch von REICHERT et al. (2014) als eine erhöhte Empfindlichkeit gegenüber Bewegungsartefakten und Umgebungslicht angegeben.

2.3 Adrenozeptoren

2.3.1 Aufbau und Funktion

AHLQUIST (1948) beschrieb die Entdeckung zweier verschiedener Rezeptoren, die er für die Wirkung adrenerger Substanzen, wie den endogenen Katecholaminen, verantwortlich machen konnte und bezeichnete sie mit α und β. Mit der Entwicklung neuerer Forschungsmethoden, vor allem der Möglichkeit der Gentypisierung und der Entwicklung rezeptorspezifischer Agonisten und Antagonisten, war es Forschern ermöglicht, die Rezeptoren in weitere Subtypen zu unterteilen. So sind nach aktuellem Stand der Forschung $\alpha_{1\ A,B,D}$, $\alpha_{2\ A\text{-}C}$, β_1, β_2, β_3, und Dopamin $DA_{1\text{-}5}$ Rezeptoren bekannt, wobei DA_1 und DA_5 zu den DA_1-artigen Rezeptoren und $DA_{2,3,4}$ zu den DA_2-artigen Rezeptoren gezählt werden (MISSALE 1998; PHILIPP u. HEIN 2004; ZENG et al. 2007; ALEXANDER et al. 2011). Bisher ist die genaue Relevanz der weiteren Unterteilung der Subtypen im klinischen Zusammenhang noch nicht vollständig geklärt worden, so dass auch im Rahmen dieser Arbeit nur von der Wirkung an α_1, α_2, β_1, β_2, DA_1 und DA_2 Rezeptoren gesprochen wird, da diese weitestgehend im klinischen Kontext beschrieben worden sind. Ihre Lokalisationen sind je nach Rezeptortyp und Organ an den prä-oder postsynaptischen Nervenendigungen im zentralen Nervensystem und an einzelnen Zelltypen, wie glatten Muskelzellen. Dort befinden sie sich in der Zellmembran eingelagert und lösen nach Aktivierung durch agnostische Substanzen über einen G-Protein-gekoppelten Vorgang eine intrazelluläre Reaktionskette aus, die mit einem substanztypischen Effekt einhergeht (OBERDISSE 1997). Die Effekte, die mit einer Aktivierung der Rezeptoren einhergehen, sind mannigfaltig und spielen eine entscheidende Rolle in der Regulation zwischen den sympathischen und parasympathischen Funktionseinheiten des vegetativen Nervensystems. So führt die Aktivierung von α_1-Rezeptoren zu einer Phospholipase C-vermittelten Reaktionskette die zu einem Anstieg der intrazellulären Ca^{2+}-Konzentration führt und so u. a. in einer Kontraktion glatter Muskelzellen am Effektororgan resultiert (COTECCHIA 2010). α_2-Rezeptoren führen zu einem ähnlichen Endeffekt, allerdings ist dieser Weg von einer Modulation sowohl der cyclischen-Adenosinmonophosphat-Konzentration (cAMP) als auch von einer Reduktion von Neurotransmittern im synaptischen Spalt gekennzeichnet (LAWSON 1994; SCHÜTZ et al. 2000; BANGASH et al. 2012). Die Aktivierung von β-Rezeptoren führt zu einem Anstieg der intrazellulären cAMP-Konzentration über eine Aktivierung der intrazellulären Adenylatzyklase und so unter anderem zu einer Dilatation glatter Muskelzellen peripherer Gefäße und wiederrum über einen Anstieg intrazellulärer Ca^{2+}-Konzentrationen zu einer gesteigerten Kontraktilität von Myokardzellen (SCHÜTZ et al. 2000). Im Weiteren hat die Aktivierung von α- und β-Rezeptoren auch einen Einfluss auf gewisse Stoffwechselvorgänge, durch Modulation der Glykogenolyse und Glukoneogenese oder der Insulinausschüttung (ANDERSON u. AITKEN 1977).

DA1-Rezeptoren sind in ihrer Aktivität ebenfalls an eine G-Protein-vermittelte Aktivierung der Adenylatzyklase gebunden und führen so über die Auslösung einer intrazellulären Signalkaskade unter anderem zu einer Dilatation glatter Muskelzellen (STARKE u. FREIBURG 2005b; ZENG et al. 2007). DA_2-Rezeptoren führen nach

Aktivierung zu einer Inhibition der Adenylatzyklase, welches die cAMP-Konzentration senkt und so eine Kontraktion glatter Muskelzellen peripherer Organe auslöst. Zugleich sind aber auch dilatative Effekte mit der Aktivierung von DA_2-Rezeptoren beschrieben worden, eine Tatsache, die davon abzuhängen scheint, ob der Rezeptor prä-oder postsynaptische lokalisiert ist (SIRAGY et al. 1992; LAWSON 1994; LUIPPOLD et al. 1998; ZENG et al. 2007).

2.3.2 Verteilung im Organismus

Je nach Organ befinden sich eine unterschiedliche Dichte an Rezeptoren und Rezeptortypen (SUMMERS u. MCMARTIN 1993; SMILEY et al. 1998).

α_1-Rezeptoren konnten bisher in Gefäßwänden peripherer und zentraler Arterien nachgewiesen werden sowie in Myokardzellen (SCHÜTZ et al. 2000; BANGASH et al. 2012), aber auch im Zentralen Nervensystem, den Nieren, der Leber und der Milz (COTECCHIA 2010). α_2-Rezeptoren sind ebenfalls zu einem Großteil im zentralen Nervensystem zu finden, aber ebenfalls in Gefäßen der Peripherie sowie in den glatten Muskelzellen verschiedener abdominaler Organe wie dem Uterus, der Blase und des Magendarmtraktes, hier v.a. in intestinalen Sphinkteren (LAWSON 1994; STARKE u. FREIBURG 2005b; ALEXANDER et al. 2011).

β-Rezeptoren befinden sich im Gegensatz zu α-Adrenozeptoren vermehrt im Herzmuskel aber auch in den Gefäßwänden von Venen und Arterien. Der häufigste kardiale Adrenozeptoren-Typ ist der β_1-Rezeptor, während man die β_2-Rezeptoren häufiger im Bereich peripherer v.a. venöser Blutgefäße und auch der Bronchialmuskulatur findet (WOO u. XIAO 2012). Eine Stimulation der β_1-Rezeptoren geht mit einem positiv chronotopen, dromotropen und inotropen Effekt einher. Dies führt zu einer Erhöhung der Herzfrequenz, der Kontraktilität und der Erregbarkeit des Myokards und einer Beschleunigung der Überleitung am kardialen Atrioventrikular-Knoten (STARKE u. FREIBURG 2005a). Das Aktivieren von β_2-Rezeptoren führt zu einer Dilatation glatter Muskelzellen, vor allem im Bereich der Bronchien und peripherer und koronarer Gefäße. Die Aktivierung dieser Rezeptoren führt so zu einer ausgeprägten Vasodilatation und Bronchiodilatation.

Die dopaminergen Rezeptoren (DA_{1-5}) befinden sich zu einem großen Anteil im zentralen Nervensystem, wo sie weniger Einfluss auf kardiovaskuläre Parameter haben. In-vitro und In-vivo Studien konnten aber auch das Vorhandensein von peripheren Dopamin Rezeptoren nachweisen, hier überwiegen quantitativ die Rezeptoren DA_1 und DA_2 (MISSALE 1998). Diese Rezeptoren konnten u. a. in den Gefäßen des Mesenteriums und der Niere gefunden werden, wo die Stimulation dieser Rezeptoren zu einer Relaxation der glatten Muskulatur führt. Wirkstoffe, die diese Rezeptoren stimulieren, zeigen als Effekt eine periphere Vasodilatation mit dem Resultat der Senkung des totalen Gefäßwiderstandes, aber auch dosisabhängig eine Steigerung des arteriellen Blutdruckes und der Herzleistung (MURPHY u. ELLIOTT 1990; MISSALE 1998). So wurden am menschlichen Myokard auch DA_1-Rezeptoren nachgewiesen, deren positiv inotroper Effekt bei Aktivierung durch agonistischer Substanzen aber weniger ausgeprägt im Vergleich zu dem der β-Rezeptoren zu sein scheint (MOTOMURA et al. 1978; HABUCHI et al. 1997; OZONO et al. 1997).

2.4 Katecholamine

2.4.1 Endogene Katecholamine

Die endogenen Katecholamine Dopamin, Noradrenalin und Adrenalin sind biogene Amine, die im Säugerorganismus eine entscheidende Rolle bei den autonomen Regulationsvorgängen des vegetativen Nervensystems spielen und stellen die Hauptagonisten der α-, β- und DA-Rezeptoren dar. Die Synthese, Speicherung und Freisetzung der endogenen Katecholamine findet im Mark der Nebennieren, in Neuronen im zentralen Nervensystem und an den sympathischen Nervenfasern statt (STARKE u. FREIBURG 2005b). Die Ausgangssubstanz ist die Aminosäure L-Tyrosin. Sie wird durch adrenerge Neuronen aus dem Extrazellularraum aufgenommen oder aus Phenylalanin synthetisiert.

Abbildung 1 zeigt einen schematischen Verlauf der Biosynthese der Katecholamine im Säugerorganismus. Die Synthese von Noradrenalin aus Dopamin findet hierbei in den Noradrenalinneuronen und dem Nebennierenmark statt, und auch der letzte Vorgang in der Synthesekette, die Bildung von Adrenalin, läuft in den chromaffinen Zellen des

Nebennierenmarks ab. Der Abbau der Katecholamine erfolgt hauptsächlich enzymatisch durch die Monoaminoxidase (MAO) und die Catechol-O-methyltransferase (COMT) (STARKE u. FREIBURG 2005b).

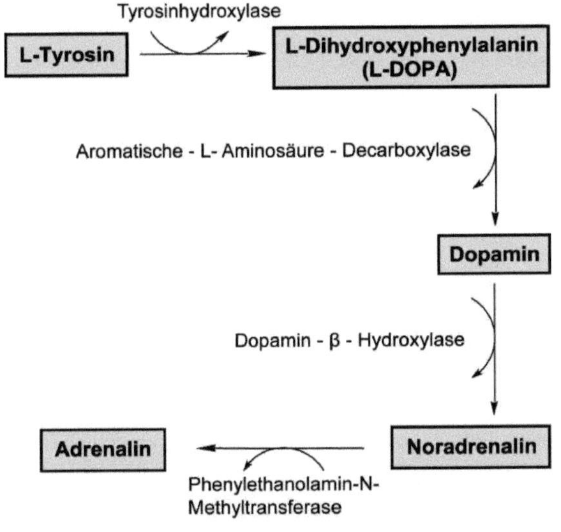

Abb. 1: Schematischer Ablauf der Biosynthese der Katecholamine. Die gebogenen Pfeile stehen hier jeweils für den enzymatischen Transformationsschritt mit dem jeweiligen dafür hauptverantwortlichen Enzym. Modifiziert nach OBERDISSE (1997).

Nach der Synthese und Freisetzung der Katecholamine gelangen sie an den Ort Ihrer Wirkung, den adrenergen Rezeptoren, die im vorherigen Kapitel bereits beschrieben wurden. Die Effekte die durch das Verabreichen von Katecholaminen erreicht werden können, beschränken sich in ihrer medizinischen Relevanz hauptsächlich auf Beeinflussungen des Herzkreislauf-Apparates und so sind die Katecholamine in der Medizin eine Wirkstoffgruppe die ihren Einsatz hauptsächlich in diesem Bereich finden. Durch die spezifische Verteilung von Adrenozeptoren und deren Subtypen in den verschiedenen Organen und Gewebeeinheiten, ist es möglich, diese mehr oder weniger gezielt mit einem Katecholamin anzusprechen, um so einen gewünschten Effekt am Zielgewebe oder Organ herbeizuführen.

2.4.1.1 Adrenalin

Adrenalin besitzt ein „gemischtes“ Wirkprofil mit einer unselektiven Affinität zu α- und β-Rezeptoren, wobei die kardiovaskulären Effekte, die aus der Aktivierung der Adrenozeptoren resultieren, dosisabhängig zu sein scheinen. So ist in niedrigen Dosisbereichen der β-mimetische Effekt stärker, sichtbar in einem Anstieg von Herzminutenvolumen und arteriellem Blutdruck (PASCOE et al. 2006), während ein Anstieg des systemischen Gefäßwiderstandes durch eine Aktivierung peripherer α-Adrenozeptoren erst bei höheren Dosen zum Vorschein zu kommen scheint (BARNARD u. LINTER 1993; TERAKAWA u. ICHINOHE 2012; MURRELL 2015).

2.4.1.2 Dopamin

Dopamin besitzt ebenfalls ein gemischtes Wirkprofil und hat Einfluss auf α_1-, α_2-, β_1-, β_2- und DA-Rezeptoren. Dopamin induziert je nach angewandter Dosis unterschiedliche Wirkungen, so dass von einer dosisabhängigen Affinität zu den verschiedenen Rezeptoren auszugehen ist. Es wurden Dosisbereiche von 0,5 bis über 20 µg/kg KGW/min bei Menschen und Tieren untersucht, die zu verschiedenen Anwendungsprofilen für das Dopamin geführt haben.

Für niedrige Dosen wird ein vornehmlich vasodilatativer Effekt v.a. der renalen und mesenterialen Gefäße beschrieben (ROBIE u. GOLDBERG 1975), während mit steigernder Dosis vasopressorische und positiv inotrope und chronotrope Effekte zunehmen sollen (DYSON u. SINCLAIR 2006; ROSATI et al. 2007; MURRELL 2015). So zeigten ROSATI et al. (2007) an Hunden bei einer Dosis von bis zu 7 µg/kg KGW/min eine Abnahme des peripheren Gefäßwiderstandes, bei einer stetigen Zunahme des Herzauswurf-Index und des arteriellen Blutdruckes, welches neben der DA-Rezeptor induzierten Vasodilatation auch eine kardiale und periphere β-Rezeptor Stimulierung suggeriert. Bei Pferden konnten ähnliche Beobachtungen gemacht werden (TRIM et al. 1985). Bei Dosisbereichen > 7 µg/kg KGW/min konnte ein kontinuierlicher, dosisabhängiger Anstieg des peripheren Gefäßwiderstandes gemessen werden, der auf eine deutliche α-adrenerge Wirkung hinweist (DYSON u. SINCLAIR 2006).

Vor allem im Vergleich zu β selektiveren Katecholaminen wie Dobutamin, zeigte Dopamin in einer Studie von ROBIE et al. (1975) eine deutlichere Erhöhung des Blutflusses von renalen und mesenterialen Gefäßen beim Hund in einer Dosierung bis zu 10 µg/kg KGW/min. Die Aktivierung der dopaminergen Rezeptoren in diesem Gefäßbett führt zu einer Relaxation der glatten Muskulatur, sowohl durch direkte Wirkung an den glatten Muskelzellen, wie auch durch Beeinflussung des Noradrenalin-Gehaltes im synaptischen Spalt (MURPHY u. ELLIOTT 1990; DENTON et al. 1996). So wurde v. a. in der Humanmedizin ein Dosisbereich < 4 µg/kg KGW/min umgangssprachlich als „Nierendosis“ beschrieben, der eine nierenprotektive Wirkung zugesprochen wurde (DENTON et al. 1996). Diese Dosis hat dadurch zunehmend bei Patienten mit akuten Nierenversagen Anwendung gefunden. Die Verwendung dieses Dosisbereiches wurde mit den Ergebnissen einiger Studien an Hunden und Ratten aber auch an klinisch gesunden Menschen begründet. Bei einigen konnte nachgewiesen werden, dass sich physiologische Nierenparameter wie die glomeruläre Filtrationsrate, Diurese, Natriurese und Kreatinin-Clearance bei induzierten toxischen und ischämischen Nierenschäden gebessert haben (LINDNER et al. 1979; GOLDFARB et al. 1981; CONGER et al. 1989). In klinischen Studien konnte sich aber kein verbesserter Verlauf von nierenkranken Patienten im Vergleich zu Placebo-Gruppen nachweisen lassen (BELLOMO et al. 2000; FRIEDRICH et al. 2005). In Bezug auf das mesenteriale Versorgungsgebiet führte die Anwendung von Dopamin in einem Tiermodell an Schweinen im hämorrhagischen Schockzustand zu einem beschleunigten Auftreten einer intestinalen Ischämie (SEGAL et al. 1985). An endotoxämischen Ratten hingegen, konnte eine Dopamin-Dosis von 3 µg/kg KGW/min eine schockbedingte Hypoperfusion der Mikrovilli des Ileums zwar nicht verhindern, aber verlangsamen und bei der Untersuchung der Mukosa-Oxygenierung von porcinen Jejunum-Anteilen konnte diese durch Dopamin über Baselinewerte hinaus verbessert werden (GERMANN et al. 1985).

SCHWARTE et al. (2003) prüften an anästhesierten Hunden den Einfluss von Dopamin auf die Oxygenierung der Magenmukosa und der systemischen Sauerstoffsättigung. Weder bei einer Dosierung von 2,5 µg/kg KGW/min, noch bei 5 µg, war Dopamin in der Lage die Oxygenierung der Mukosa signifikant zu verbessern.

Es führte aber zu einer Erhöhung des systemischen Sauerstoffangebotes und des Herzauswurfes um 30%, auch unter Anwendung eines gezielten α_1-Rezeptor Blockers. Verglichen wurde hier auch die Wirkung mit einem spezifischeren DA_1-Rezeptor Agonisten, Fenoldopam, welcher in der Lage war die Sauerstoffsättigung der Mukosa zu verbessern.
Diese durchaus sehr unterschiedlichen Ergebnisse deuten also wieder auf das gemischte und v.a. dosisabhängige Wirkprofil des Dopamins hin und auch auf vermutlich unterschiedliche Effekte die durch DA_1-, DA_2- oder vermutlich auch einem der anderen dopaminergen Rezeptoren im Splanchnikusgebiet mediiert werden.
Die Ambivalenz der wissenschaftlichen Erkenntnisse zu dem Vor- oder Nachteil des Einsatzes von Dopamin in der Intensivmedizin, sind nach wie vor Gegenstand aktueller Diskussionen die hier besonders dem Nutzen der niedrigen Dosis zum „Nierenschutz" zunehmend kritisch gegenüber stehen (MARINOSCI et al. 2012).
Die Beeinflussung der Mikroperfusion und Oxygenierung des Magendarmtraktes beim Pferd wurde bisher noch nicht genauer untersucht, so dass diese Fragestellung im Rahmen dieser Studie eine entscheidende Rolle spielt. Lediglich der Einfluss von Dopamin auf den muskulären Blutfluss wurde bei Pferden untersucht und ergab eine Verbesserung der Durchblutung der Trizeps-Muskulatur bei einer Dosis von 10 µg/kg KGW/min, sowie eine Erhöhung des mittleren arteriellen Blutdruckes und des Herzauswurf Index (LEE et al. 1998).
Nebenwirkungen des Dopamins, v. a. bei höheren Dosen von > 8 - 10 µg/kg KGW/min, sind beschrieben als Muskeltremor, tachykarde Episoden und milde bis hin zu schwerwiegenden kardialen Arrhythmien (SWANSON et al. 1985; TRIM et al. 1985; LEE et al. 1998; SCHÜTZ et al. 2000; ROSATI et al. 2007). In einer humanmedizinischen Studie an Schockpatienten war das Auftreten arrhythmischer Phasen bei Dopamin signifikant höher im Vergleich zu Noradrenalin (DE BACKER et al. 2010).

2.4.1.3 Noradrenalin

Noradrenalin wird in der Literatur häufig als ein „Vasopressor" bezeichnet und gilt als sehr potenter Wirkstoff, um den arteriellen Blutdruck zu steigern. Es wird in der Humanmedizin häufig als sehr wirksam in der Behandlung von therapieresistenten

Schockzuständen angesehen. Hier, v. a. bei septischen Schockepisoden, hat sich das Noradrenalin sogar im Vergleich zu β-mimetischeren Katecholaminen wie Dopamin oder Dobutamin, zum Teil als vorteilhafter erwiesen (SCHREUDER et al. 1989; SANTMAN 1992; MARTIN et al. 1993; SCHÜTZ et al. 2000; BEALE et al. 2004). Für Noradrenalin ist eine starke Präsenz an α_1- und α_2-Rezeptoren, aber auch in gewissem Maße an β_1-Adrenozeptoren beschrieben. So wird durch eine ausgeprägte Vasokonstriktion in der Peripherie der systolische und diastolische Blutdruck durch Steigerung des Gefäßwiderstandes erhöht und über die β_1-Rezeptor mediierte Steigerung der kardialen Kontraktilität, Herzauswurf und Schlagkraft stabilisiert (GARB 1950; SANTMAN 1992; LAWSON 1994; SCHÜTZ et al. 2000; OVERGAARD u. DŽAVÍK 2008).

In der Pferdemedizin wurde Noradrenalin in Allgemeinanästhesie in Dosisbereichen von 0,05-1 µg/kg KGW/min untersucht und brachte signifikante Anstiege im arteriellen Blutdruck und systemischen peripheren Gefäßwiderstand hervor, Herzfrequenz und Herzauswurf Index wurden dabei zum Teil gesenkt (HOLLIS et al. 2006; CRAIG et al. 2007; HOLLIS et al. 2008). VALVERDE et al. (2006) kamen zu ähnlichen Ergebnissen, sahen aber bei einer Dosis von 0,3 und 1 µg/kg KGW/min eine Steigerung des Herzauswurfes und eine Stabilisierung der Perfusion des Splanchnicus-Gebietes. In den Studien handelte es sich allerdings um Versuche mit älteren Fohlen und Neonaten, so dass die Extrapolation auf adulte Equiden nicht sicher durchführbar ist, da Neonaten ein weniger ausgeprägtes sympathisches Nervensystem haben als adulte Säugetiere (DUNLOP 1994; CORLEY 2004; SCHAUVLIEGE u. GASTHUYS 2013). In wie fern das allerdings zu Dosierungsunterschieden führt, ist noch nicht ausreichend bekannt, so dass sich für diese Studie an Dosisbereichen adulter Menschen orientiert wurden, die in einem ähnlichen Bereich liegen.

2.4.2 Synthetische Katecholamine

Synthetische Katecholamine stellen eine Reihe von Wirkstoffen dar, die ihren pharmakologischen Ursprung in den endogenen Katecholaminen finden. Das Ziel ihrer Entwicklung war es, durch Modulation ihrer Ursprungssubstanzen eine gezieltere Wirkung an bestimmten Adrenozeptoren zu haben, um so v.a. deren kardiovaskulären

Effekte zielgerichteter ausnutzen zu können. So sind Wirkstoffe wie Ephedrin, Phenylephrin, Isoprosterenol und andere entstanden. In diesem Abschnitt werden die zwei in diesem Versuch angewandten synthetischen Wirkstoffe Dobutamin und Phenylephrin genauer vorgestellt.

2.4.2.1 Dobutamin

Dobutamin ist ein synthetisches Katecholamin dem eine ausgeprägte Wirkung auf β_1-Rezeptoren und eine moderate Wirkung auf β_2- und α-Adrenozeptoren zugesprochen wird (SCHAUVLIEGE u. GASTHUYS 2013). Der klinische Effekt von Dobutamin wird hauptsächlich mit einer Steigerung der Chrono- und Inotropie des Herzens begründet und mit einer milden β_2-mediierten peripheren Vasodilatation (SCHÜTZ et al. 2000; SCHAUVLIEGE u. GASTHUYS 2013). Für Dobutamin ist beim Menschen eine Halbwertszeit von 2 min bei einer Wirkdauer von 10 min beschrieben worden (THOMAS et al. 1987), bei Tieren sind bisher keine pharmakokinetischen Studien bekannt, aber aufgrund der klinischen Erfahrung sind ein schneller Wirkungseintritt und -ende beim Pferd dokumentiert (OHTA et al. 2013).

In Studien mit Pferden sind Dosisbereiche von 0,5 bis 10 µg/kg KGW/min angewandt worden und haben zu dosisabhängigen Anstiegen von Herzfrequenz, Herzauswurf und Schlagvolumen sowie Herzauswurf-Index geführt (DONALDSON 1988; GASTHUYS et al. 1991; MIZUNO et al. 1994; GEHLEN et al. 2006; VALVERDE et al. 2006; CRAIG et al. 2007; DE VRIES et al. 2009; OHTA et al. 2013). Eine Senkung des peripheren Gefäßwiderstandes konnte von LEE et al. (1998) bei einer Dosis von 2,5 µg/kg KGW/min für Ponys nachgewiesen werden, VALVERDE et al. (2006) sahen diesen Effekt erst bei 8 µg/kg KGW/min bei neonatalen Fohlen. In Arbeiten mit einem vermehrten Blick auf den muskulo-skeletalen Blutfluss und die Mikroperfusion verschiedener Organe konnten für das Dobutamin positive Einflüsse bestätigt werden. RAISIS et al. (2000a) sahen einen Anstieg des femoralen Blutflusses bei 0,5 µg/kg KGW/min Dobutamin, während LEE et al. (1998) bei 2,5 µg/kg KGW/min einen erhöhten intramuskulären Blutfluss der Trizeps-Muskulatur feststellen konnten.

In einem endotoxämischen Schockmodell mit Hunden konnte für eine Infusion von Dobutamin in einer Dosierung von 5 und 10 µg/kg KGW/min kombiniert mit Flüssigkeitstherapie ein positiver Effekt auf die mesenteriale Durchblutung und die

Harnproduktion, im Vergleich zu reiner Flüssigkeitstherapie (Menge titriert um einen pulmonalarteriellen Okklusionsdruck von 10 mmHg zu erreichen), nachgewiesen werden (DE BACKER et al. 1996). Bei Ratten konnte durch eine Infusion von Dobutamin eine durch Endotoxine induzierte Minderperfusion intestinaler Mikrovilli verhindert werden (SECCHI et al. 1997). Die Autoren in beiden Studien erklären ihre Ergebnisse mit der β_2-assoziierten Vasodilatation von Dobutamin und deuten damit eine Eignung der Dobutamin-Therapie bei endotoxämischen Schockzuständen an.
In Untersuchungen an Schweinen konnte mittels Dobutamin zwar ein deutlicher Anstieg des Herzauswurf-Index bestätigt werden, aber keinerlei Veränderung des mesenterialen Blutflusses oder der Mikrozirkulation von Magen, *Jejunum* oder *Colon* nachgewiesen werden (HILTEBRAND et al. 2004). An humanen Patienten konnte aber durchaus eine verbesserte Mukosaperfusion des Dünndarms mit einer Dobutamin Infusion erreicht werden (THOREN et al. 2000). Die Ergebnisse bisheriger Studien lassen also keine sichere Aussage zu dem Nutzen von Dobutamin für die Verbesserung der gastrointestinalen Mikrozirkulation zu, die gegensätzlichen Aussagen verschiedener Ergebnisse sind aber auch sicherlich auf die unterschiedlichen Studien Designs, angewandten Versuchsspezies und zu Grunde liegenden Krankheitsbildern zurück zu führen. Als Nebenwirkungen für das Dobutamin sind, ähnlich der anderen Katecholamine, das Entstehen von Tachykardien und arrhythmischen Episoden beschrieben, so auch beim Pferd, besonders bei höheren Dosisbereichen und in Kombination mit Anticholinergika wie z. B. Atropin (SWANSON et al. 1985; DONALDSON 1988; LIGHT et al. 1992).

2.4.2.2 Phenylephrin

Phenylephrin ist ein sympathomimetischer Wirkstoff, der aus Adrenalin synthetisiert wird und daher mit den endogenen Katecholaminen eng verwandt ist, sich aber in seiner chemischen Struktur vom klassischen Katecholamin absetzt. Seine stark α_1-adrenergen Eigenschaften führen zu einer ausgeprägten Vasokonstriktion und somit einem deutlichen Anstieg des peripheren Gefäßwiderstandes mit einhergehender Steigerung des arteriellen Blutdruckes (HINCHCLIFF et al. 1991; HARDY et al. 1994; FLANCBAUM et al. 1997; PASCOE et al. 2006; FANTONI et al. 2013). An Pferden konnte für Dosisbereiche von 0,2 – 2 µg/kg KGW/min ein signifikanter Anstieg des mittleren arteriellen Blutdruckes und des Gefäßwiderstandes nachgewiesen werden, dabei wurden keine positiven, sondern eher negative Eigenschaften für Herzauswurf, Schlagvolumen oder Gewebeperfusion nachgewiesen. Der intramuskuläre Blutfluss gemessen mit Laser-Doppler-Fluxmetrie durch LEE et al. (1998) blieb unter Phenylephrin (0,5 bis 2 µg/kg KGW/min) unverändert, während Herzauswurf und die Herzfrequenz abgenommen haben. Auch RAISIS et al. (2000d) kamen zu ähnlichen Ergebnissen und hatten einen signifikanten Abfall des Herzauswurfes und des femoralen Blutflusses bei Pferden in Allgemeinanästhesie. Im direkten Vergleich zu Adrenalin, konnte Phenylephrin nicht den Herzauswurf steigern sondern senkte den Herzauswurf-Index sogar, während Adrenalin hier zu einer Verbesserung führte (FANTONI et al. 2013), ähnliches sahen OHTA et al. (2013) im Vergleich zu Dobutamin. Dies spricht also für die sehr selektive Aktivität des Phenylephrin an α -Rezeptoren, während Dobutamin und auch Adrenalin durch die zusätzliche Aktivität an β-Rezeptoren eher einen positiven Einfluss auf die Herzleistung zeigen. Am stehenden Pferd wurde durch HARDY et al. (1994) deutliche Verkleinerung der Milzdimension durch eine Infusion von 3 und 6 µg/kg KGW/min nachgewiesen. Auch hier kam es zur Senkung des Herzauswurfes und auch zu Bradykardien und häufigen Artrioventrikular-Blöcken II Grades. Die Verkleinerung der Milz unter Phenylephrin-Infusion, ist ein Effekt der in der Pferdemedizin bei spezifischen Krankheitsbildern auch als therapeutisch gilt. Beispielsweise bei Inkarzerationen von *Colon ascendens* Anteilen im Milz-Nieren-Raum, eine bekannte Kolikursache bei Pferden, erhofft man sich durch die Verkleinerung der Milz eine erleichterte Reposition des Dickdarms (VAN HARREVELD et al. 1999). In einigen beschriebenen Fällen, kann die Infusion von Phenylephrin in Kombination mit dieser Kolikursache allerdings auch zu inneren Blutungen führen, die fatal verlaufen können (FREDERICK et al. 2010).

Die grundsätzliche Idee für den Einsatz von Phenylephrin in der Intensivmedizin und Anästhesie ist die fast ausschließlich vasokonstriktive Wirkung auszunutzen, um effektiv gegen eine Vasodilatation durch volatile Anästhetika, oder bei septischen oder endotoxämischen Schockpatienten, zu wirken. In humanmedizinischen Studien sind hier häufiger Vergleiche zu ähnlichen Wirkstoffen wie Noradrenalin gemacht worden. So konnte in einer Sepsis-Studie für Phenylephrin kein deutlicher Vorteil, aber auch kein Nachteil für die hämodynamische Unterstützung septischer Schockpatienten nachgewiesen werden (MORELLI et al. 2008). DUCROCQ et al. (2012) sahen allerdings unter Phenylephrin eine Verschlechterung der Ventrikelfunktion und keine deutliche Besserung globaler hämodynamischer Parameter bei septischer myokardialer Dysfunktion. Im Hinblick auf Perfusionsparameter des Gastrointestinaltraktes konnte hier im Vergleich zu Noradrenalin eine Verschlechterung des Blutflusses im Splanchnikus Gebiet mit einem gesenkten Sauerstofftransport nachgewiesen werden (REINELT et al. 1999) und auch in einem Bypass-Modell am Schwein, stellte sich Phenylephrin nachteilig im Vergleich zu einer reinen Volumenwiederherstellung dar und verschlechterte den mesenterialen Blutfluss (O'DWYER et al. 1997). SCHWARZ et al. (2001) hingegen, sahen bei Phenylephrin keinerlei negative Effekte auf die Sauerstoffversorgung der Mukosa am *Jejunum* von Schweinen in Allgemeinanästhesie. Die Ergebnisse vorhandener Literaturstellen zum Vor- oder Nachteil der Anwendung von Phenylephrin stellen sich also eher wechselhaft bis widersprüchlich dar, v. a. im Hinblick auf die Effekte im Bereich der mesenterialen Blut- und Sauerstoffversorgung. Auch die Probandengruppen sind innerhalb der Studien sehr inhomogen, sowohl was die Versuchsspezies als auch das zu Grunde liegende Krankheitsbild angeht.

2.4.3 Verwendung von Katecholaminen in der Medizin

Die pharmakokinetischen und pharmakodynamischen Eigenschaften der verschiedenen Katecholamine sind ähnlich. Sie besitzen eine relativ kurze Plasmahalbwertszeit, mit Einsatz der klinischen Wirkung in wenigen Sekunden bis Minuten. Aus diesem Grund werden die gängigen Katecholamine in der Praxis nur in Form einer Dauertropfinfusion angewendet, daher sind die beschriebenen Dosierungen der Wirkstoffe auch in der Regel in µg/kg KGW/min angegeben. Im Bereich der Tiermedizin gibt es zum aktuellen Zeitpunkt wenig ausführliche pharmakokinetischen Studien zu den zuvor erwähnten Stoffen, die klinische Erfahrung gleicht aber den Berichten aus der Humanmedizin (SCHAUVLIEGE u. GASTHUYS 2013). Hier sind v. a. für Dopamin, Noradrenalin und Dobutamin einige Studien angefertigt worden, sowohl an gesunden wie auch an klinisch erkrankten Patienten.

Es konnten in den meisten Fällen hier gute Korrelationen zwischen der Erhöhung der Infusionsrate und den Anstiegen der Plasmaspiegel gesehen werden, häufig sind aber größere Interindividuelle Unterschiede v. a. im Ausmaß der klinischen Effekte beschrieben worden. Als mögliche Gründe dafür diskutieren einige Autoren eine Rezeptor Down Regulation der Adrenozeptoren (JOHNSTON et al. 2004), Einwirkungen durch verschiedene Krankheitsbilder wie Endotoxämie oder Sepsis (BERG et al. 1993; JOHNSTON et al. 2004; BELOEIL et al. 2005), Interaktionen mit anderen Medikamenten oder individuelle Unterschiede in der Enzymaktivität v. a. der Catechol-O-methyltransferasen und Monoaminoxidasen, welche zu unterschiedlichen Clearance-Zeiten führen können (JARNBERG et al. 1981; MACGREGOR et al. 2000; A. JOHNSTON et al. 2004). Dieselben Autoren diskutieren in diesem Zusammenhang auch die Sinnhaftigkeit einer Effekt-orientierten Titration der Katecholamin Dosierung, im Gegensatz zu einer Anwendung fest vorgegebener Werte, allerdings ohne klare Ergebnisse.

In intensivmedizinischen Situationen stellt ein hypotoner Kreislaufstatus häufig eine große Herausforderung an den behandelnden Mediziner. Sowohl beim Tier als auch beim Menschen gilt es, den häufig lebensbedrohlichen Abfall des arteriellen Blutdruckes und des Gewebeperfusionsdruckes schnell zu kontrollieren. Vor allem bei Krankheitszuständen, die eine chirurgische Intervention in Allgemeinanästhesie nötig machen, ist die Stabilisierung des Kreislaufes ein essentieller Schritt in der adäquaten Versorgung des Patienten. Eine häufige Notfallsituation in der Pferdemedizin ist die akute gastrointestinale Kolik, mit einer berichteten Mortalitätsrate von bis zu > 20% (TINKER et al. 1997; GROSCHE 2004; SUTTON et al. 2009). Die Tiere befinden sich häufig in einem hypovolämischen und auch nicht selten in einem endotoxämischen Schockzustand. Da eine chirurgische Intervention in einigen Fällen unumgänglich ist, sind kreislaufaktive Medikamente ein wichtiger Bestandteil des Anästhesieprotokolls von Pferden mit einer beeinträchtigten Zirkulation geworden (BOESCH 2013; SCHAUVLIEGE u. GASTHUYS 2013). Nach DUKTI u. WHITE (2008) sind z. B. ungefähr 10% aller Koliken operationswürdig. Während einer medianen Laparotomie werden die Pferde in Rückenlage verbracht, eine für das Pferd unphysiologische Position die mit einigen Nebenwirkungen für den Kreislauf einhergeht. Das hohe

Gewicht und die Lagerung der Pferde erschwert häufig eine adäquate Durchblutung der Muskulatur (LINDSAY et al. 1980; WEAVER et al. 1984; LINDSAY et al. 1989; EDNER 2005). Auch das schwere Magendarm-Konvolut der Equiden lagert v. a. auf dem Zwerchfell und belastet damit die Lunge und erschwert hier die Atmung und die ausreichende Durchblutung der Lungenareale. Auch die maschinelle Beatmung mit positiven inspiratorischen Drücken hat negative Kreislaufeffekte und senkt den Herzauswurf und vermindert die Rückfüllung des Herzens des beatmeten Patienten (SWANSON u. MUIR 1988; FOURNELL et al. 1997; DE BACKER 2000; KIEFER et al. 2000; EDNER et al. 2005). Die Medikamente, die im Rahmen einer Allgemeinanästhesie standardmäßig Anwendung finden, hier v.a. die volatilen Anästhetika, gehen mit negativen Kreislaufeffekten einher, bedingt durch Senkung des Herzauswurfes und einer peripheren Vasodilatation (STEFFEY u. HOWLAND 1980; SERTEYN et al. 1987; EDNER 2005). Es kombinieren sich also mehrere Faktoren, die bei Pferden eine Therapie mit vaso- und kardioaktiven Medikamenten unumgänglich macht um die zentrale und periphere Perfusion zu gewährleisten.

Tab. 1: Vergleichende Darstellung der vier Versuchswirkstoffe mit ihren jeweiligen Affinitäten zu den Adrenozeptorgruppen von – bis +++ und den wichtigsten Effekten durch deren Aktivierung. Modifiziert nach SCHÜTZ et al. (2000) und ADAMS (2009).

	Dobutamin	**Dopamin** **Dosisabhängig** **DA > β > α**	**Noradrenalin**	**Phenylephrin**	**Effekt**
α_1	+	++	+++	+++	**Vasokonstriktion, ggr. positiv inotrop**
α_2	-	+	+++	+	**Vasokonstriktion, Relaxation glatter Muskulatur im GIT, Uterus, Blase**
β_1	+++	++	++	-	**positiv inotrop, chronotrop, dromotrop, ggr. Vasodilatation**
β_2	++	+	-	-	**Vasodilatation, Bronchiodilatation**
DA_1	-	+++	-	-	**periphere Vasodilatation**
DA_2	-	++	-	-	**periphere Vasodilatation sowie -konstriktion**

3 Material und Methode

3.1 Probanden

Bei den Probanden handelte es sich um 10 Pferde, die sich im Besitz der Klinik für Pferde der Stiftung Tierärztliche Hochschule Hannover befanden. Alle in diesem Versuch verwendeten Tiere waren Teil einer Studie, die vom Niedersächsischen Landesamt für Verbraucherschutz und Lebensmittelsicherheit geprüft und akzeptiert wurde (Tierversuchsnummer 33.14 42502-04-13/1235).

Die Pferde waren im Mittel 11,3 Jahre alt (3-19 Jahre) und 535,5 Kg (440-640 Kg) schwer. Das Probandengut bestand aus vier Stuten, drei Wallachen und drei Hengsten, darunter waren acht Warmblutpferde, ein Traber und ein Englisches Vollblut.

Die allgemeine klinische Untersuchung und die weiterführende Untersuchung des Herz- und Kreislaufapparats erbrachten keine abweichenden Befunde. Die Pferde wurden in Boxen auf Stroh gehalten, wurden mit Heu gefüttert und hatten freien Zugang zu Wasser. Vor Beginn der Versuche wurden die Tiere für etwa 6 Stunden gehungert, wobei weiterhin freier Zugang zu Wasser bestand.

Die Probanden wurden nach der Durchführung der Versuche in Allgemeinanästhesie euthanasiert und im Anschluss dem Institut für Anatomie der hiesigen Hochschule zu Lehr- und Demonstrationszwecken zur Verfügung gestellt.

3.2 Instrumentierung

3.2.1 Gefäßzugänge

Unmittelbar vor der Narkoseeinleitung wurde ein Venenverweilkatheter (Intraflon 2, 12G-80mm, VYGON GmbH & CO.KG, Frankreich) in die rechte V. *jugularis externa* nach steriler Vorbereitung und unter Lokalanästhesie mit Lidocain (Lidocainhydrochlorid 2%, Bela-Pharm GmbH & Co. KG, Deutschland) eingebracht.

Im Anschluss wurden über die linke *V. jugularis externa* ein Ballonkatheter in den rechten Vorhof (Balloon Wedge Pressure Catheter, 7F, 160cm, Arrow International Inc., USA) und ein Swan-Ganz-Katheter in die *A. pulmonalis* (Criticath™ SP5107-IS,

7F, 110cm, Argon Medical Devices Inc., USA) verbracht. Dafür wurden ebenfalls nach steriler Vorbereitung und unter lokaler Betäubung zwei je 8F große Einführungsports in die linke *V. jugularis* gelegt, über welche die Ballonkatheter eingeführt werden konnten. Die korrekte Positionierung der Ballonkatheter wurde mittels transthorakaler Kardiosonographie und visueller Druckkurvenanalyse überprüft.

3.2.2 Allgemeinanästhesie

Zur Narkoseprämedikation wurden die Pferde mit Xylazin 0,8 mg/kg KGW i.v. (Xylavet® 20mg/ml, CP-Pharma GmbH, Deutschland) sediert und danach zur kontrollierten Einleitung in einen Ablegestand verbracht. Die Narkoseeinleitung erfolgte mit Ketamin 2,2 mg/kg KGW i.v. (Narketan® 100 mg/ml, Vétoquinol GmbH, Deutschland) und Midazolam 0,05 mg/kg KGW i.v. (Midazolam B. Braun 5mg/ml, B. Braun Melsungen AG, Deutschland).

Alle Pferde wurden nach der Einleitung orotracheal intubiert, mit einem Kransystem auf einen luftgepolsterten Operationstisch verbracht und dort in Rückenlage gelagert.

3.2.3 Erhaltung in Allgemeinanästhesie

Nach der Lagerung des Patienten wurden die Pferde an ein Großtier-Narkosegerät angeschlossen (Vet.-Tec. Model JAVC 2000, J.D. Medical Distributing Company, USA) und dort kontrolliert beatmet. Dazu wurde am Beatmungsgerät ein inspiratorischer Plateaudruck von 20-25 mmHg eingestellt. Die Atemfrequenz wurde entsprechend dem arteriellen Kohlendioxidpartialdruck (p_aCO_2) so eingestellt, dass dieser während der gesamten Anästhesie zwischen 30 und 45 mmHg lag.

Die Narkoseerhaltung erfolgte mit Isofluran (Isofluran CP®, CP-Pharma GmbH, Deutschland) in reinem Sauerstoff. Initial wurde eine exspiratorische Isoflurankonzentration (E_TIso) von 1,4 Vol% am Verdampfer eingestellt und im weiteren Verlauf angepasst (siehe Narkoseüberwachung).

Während des gesamten Versuches wurde den Pferden Ringer-Lösung mit einer Rate von 10 ml/ kg KGW /Std infundiert (Ringer Ecobag Click, B. Braun Melsungen AG, Deutschland).

Die Narkosetiefe wurde mittels regelmäßiger Kontrolle okulärer Schutzreflexe wie Lidschluss- und Kornealreflex, dem Auftreten von Nystagmus und dem vorkommen von Spontanbewegungen überwacht.
Als Ziel für die Narkosetiefe sollte ein Stadium erreicht werden, welches als ausreichend gilt um einen abdominalchirurgischen Eingriff zu tolerieren (Stadium III/2 modifiziert nach Guedel). Der E_TIso wurde initial nach dem Einleiten auf 1,4 Vol% eingestellt und dann nach folgendem Schema alle 15 Minuten angepasst: Bei ausbleibendem Lidschluss- und Kornealreflex wurde der E_TIso um 0,1 Vol% reduziert und bei Auftreten von Nystagmus um 0,1 Vol% erhöht. Für den Fall, dass Spontanbewegungen auftreten sollten, stand eine Bolusinjektion mit Thiopental (1 mg/kg KGW i.v.) zur Verfügung und der E_TIso wurde um 0,2 Vol% erhöht.

3.2.4 Aufbau und Funktion des O2C Gerätes

Das O2C „Oxygen to see“ Gerät (LEA Medizintechnik GmbH, Gießen) ist ein optisches Diagnostikgerät, das zwei Verfahren zur Perfusions- und Oxygenierungsmessung kombiniert: die Weißlichtspektrometrie und die Laser-Doppler Flussmessung.
Das Gerät ermöglicht dem Anwender die Messung der Hämoglobin-Sauerstoffsättigung, der relativen Hämoglobinmenge sowie des relativen Blutflusses und der relativen Blutflussgeschwindigkeit in einem bestimmten Gewebe.
Die Messungen werden durch das Auflegen einer optischen Sonde auf die zu untersuchende Gewebeoberfläche durchgeführt und finden im Gewebe direkt unterhalb der Sonde statt. Das Gerät ist dabei an eine Computereinheit angeschlossen die über einen Monitor die direkte Ablesung und Auswertung der Messungen ermöglicht.

Bei der Weißlichtspektrometrie wird durch eine 20W starke Xenon-Halogen Lampe „weißes“ Licht emittiert. Der Begriff „weißes“ oder auch „sichtbares“ Licht steht für polychromatisches Licht eines Wellenlängenbereiches, welcher vom menschlichen Auge erfasst werden kann und ist ähnlich dem Licht, das handelsübliche Glühbirnen ausstrahlen.

Bei dem O2C wird ein Wellenlängenbereich von ca. 450 bis 900nm emittiert, wobei der Bereich von 500 bis 800nm für die weitere Auswertung genutzt wird.
Das Licht wird vom Gerät über Glasfasern zu einer optischen Messsonde geleitet, die flach auf die Gewebeoberfläche aufgebracht wird. Im Gewebe wird das Licht gestreut und ein Teil des Lichtes kommt dabei mit den Erythrozyten im Kapillarnetzwerk in Kontakt und wird dort von den Blutfarbstoffen absorbiert. Das Hämoglobin absorbiert dabei in Abhängigkeit von seinem Oxygenierungsgrad unterschiedliche Wellenlängen, so dass die Farbe des Lichts verändert wird. Auf dem Weg durch das Gewebe wird das Licht durch Absorption spektral verändert und gelangt dann teilweise zurück zu der optischen Sonde, die den Grad der Veränderung detektiert und diese Information an das Gerät weiterleitet. Hier wird das Messsignal verstärkt und spektrometrisch ausgewertet. Dabei wird das veränderte Lichtspektrum aus dem Gewebe mit Referenzspektren für Hämoglobin verglichen. Durch den Vergleich des detektierten Spektrums mit den Referenzspektren kann die Sauerstoffsättigung des Untersuchungsgebietes bestimmt werden und wird als Wert in sO_2 [%] ausgegeben.
Des Weiteren konnte bereits gezeigt werden, dass die Intensität der Farbveränderung, also die Höhe der Amplitude des Messsignals mit der Menge an Hämoglobin im Gewebe korreliert (DÜMMLER 1988).
Die Weißlichtkomponente des Gerätes erlaubt also nicht nur eine Aussage über die Sauerstoffsättigung, sondern auch über die relative Menge an Hämoglobin im Gewebe. Da es sich um ein elektrisches Signal handelt, das von der Sonde detektiert wird, ist es hier nicht ohne weiteres möglich, eine absolute Mengeneinheit für das im Gewebe befindliche Hämoglobin zu errechnen. Dazu wäre es nötig das Gerät mit einer gängigen Referenzmethodik an jedem Messpunkt zu kalibrieren. Dies ist schwer umzusetzen, da zum einen jede Messung eine Kalibrierung erfordern würde und weil für die Bestimmung der Hämoglobinmenge keine gleichwertig wenig-invasive Messmethode bekannt ist. Außerdem konnte DÜMMLER (1988) zeigen, dass errechnete relative Hämoglobinwerte bei Verwendung von Remissionsspektren gut mit den reellen, absoluten Werten übereinstimmen.
Die Angabe erfolgt beim O2C in arbiträren Einheiten [AU] (arbitrary units), beurteilt wird so die relative Konzentration an Hämoglobin, der Wert wird angezeigt als rHb

[AU]. Ein weiterer Vorteil der spektrophotometrischen Analyse in diesem Wellenlängenbereich ist die Fokussierung auf den kapillären Gefäßbereich, da die Strahlung von Gefäßen von >100 µm vollständig absorbiert wird, die erfolgreiche Messung findet also nur in Gefäßen statt, die kleiner sind als 100 µm (GANDJBAKHCHE et al. 1999).

Die Laser-Doppler-Technik basiert, ähnlich der Weißlichtspektrometrie, auf der Interaktion von Licht mit Blutbestandteilen. Hier wird aber im Gegensatz zu der vorherigen Methode kein „weißes Licht" sondern monochromatisches Laserlicht verwendet. Das Laserlicht wird mit einem Diodenlaser generiert und mit einer Energie von bis zu 30 mW und einer Wellenlänge von 830nm über Glasfasern geleitet und über die Sonde in das Gewebe ausgestrahlt. Auch hier kommt es zu einer Streuung, Veränderung und Detektion des Lichtes. Bei diesem Verfahren ist aber nicht die Sättigung des Hämoglobins von Bedeutung, sondern die Bewegung der Erythrozyten im Kapillarbett. Durch die Streuung des Lichtes v.a. an den Mitochondrien im Gewebe, werden Lichtvektoren in alle Raumrichtungen ausgesandt. Einige dieser Lichtwellen bewegen sich somit auch in dieselbe Richtung wie einige Erythrozyten. Dabei wird abhängig von der Geschwindigkeit dieser Erythrozyten, die Frequenz des Lichtes verschoben. Diese Veränderung der Frequenz wird auch als Doppler-Shift bezeichnet und ist in seinem Ausmaß direkt proportional von der Geschwindigkeit des Erythrozyten abhängig. Durch die Frequenzverschiebung des Lichtes, also der Detektion von Doppler-Shifts durch die optische Sonde, kann so die Blutflussgeschwindigkeit im Messgebiet festgestellt werden. Dieser Wert wird als „Velocity" angegeben und auch in arbiträren Einheiten [AU] erfasst, da auch hier eine Kalibrierung mit einer Referenzmethodik nötig wäre, um eine Standarteinheit wie [ml/min] errechnen zu können. Da nicht jede vom Gerät ausgesandte Lichtwelle mit Erythrozyten in Verbindung tritt und verändert wird, kehrt ein Teil der Wellen in der ursprünglichen Emissionsfrequenz zurück zur Sonde. Diese Tatsache kann sich das O2C zu Nutze machen und vergleicht den Anteil an frequenzverschobenem zu nicht verändertem Licht. Umso mehr Erythrozyten sich im Gewebe befinden, umso mehr Licht erfährt einen Doppler-Shift.

Das Verhältnis dieser beiden Signale kann von dem O2C in den Wert „Flow“ umgerechnet werden, der eine Angabe über die Menge an Erythrozyten, also dem relativen Blutfluss im Gewebe darstellt. Beim „Flow“ wird ebenfalls die Einheit [AU] verwendet.

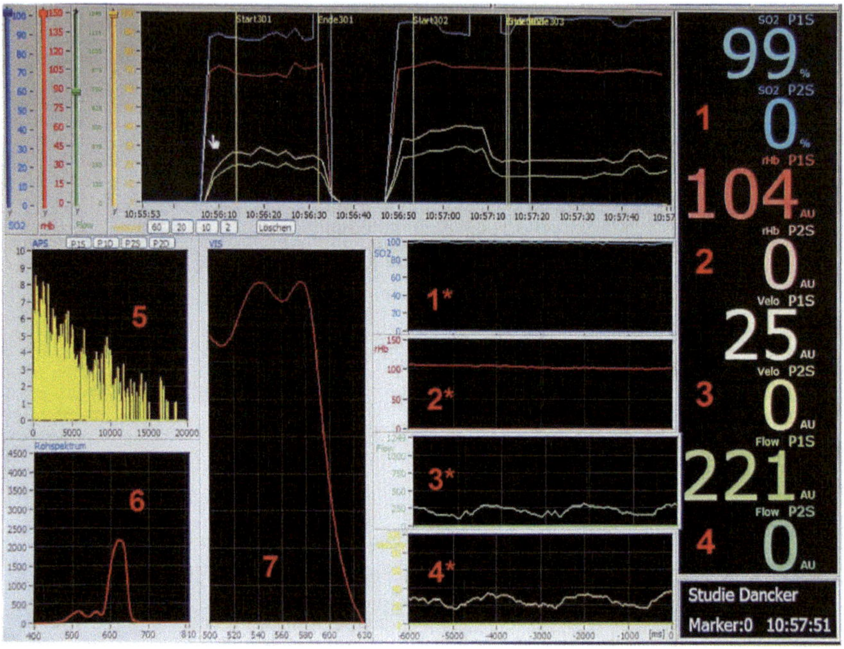

Abb. 2: Auswertungsmonitor des O2C.

Bei der verwendeten Einstellung ist im oberen Fenster eine Gesamtübersicht der Kurvenverläufe der Messparameter dargestellt. Zusätzlich werden Werte für $_{s}O2$ (1), rHb (2), Velocity (3) und Flow (4) angezeigt und vier Trendfenster (1* - 4*), die zu dem jeweiligen Parameter gehören, dargestellt. Mit 5 beschriftet ist ein Histogramm, welches die Geschwindigkeitsverteilung der Erythrozyten angibt. Auf der X Achse angezeigt werden hier die Doppler-Shift-Frequenzen, auf der y-Achse die Häufigkeit in der sich Erythrozyten in einer bestimmten Geschwindigkeit bewegen. Nummer 6 ist eine Übersicht über das breite Spektrum der Weißlichtkomponente, während Nummer 7 das detektierte Hämoglobinspektrum im sichtbaren Lichtbereich anzeigt. Dieses Spektrum dient v. a. der Qualitätskontrolle der Messung, eine doppelte Amplitude wie in dieser Abbildung entspricht dem Remissionsspektrum von oxygeniertem Hämoglobin und ist somit ein Zeichen für eine korrekte Messung. Eine unruhige, nicht symmetrische oder nicht doppelt geschwungene Kurve ist so ein Hinweis auf eine schlechte Platzierung der Sonde, oder einen sehr hohen Anteil an desoxygeniertem Hämoglobin oder Methämoglobin.

3.2.5 Messparameter

3.2.5.1 Herzfrequenz

Zu Beginn der Allgemeinanästhesie wurden die Pferde an einen kommerziellen Narkosemonitor angeschlossen (Datex-Ohmeda Cardiocap/5, GE-Healthcare Clinical Systems, USA). Die Probanden wurden über externe Elektrokardiogramm-Kabel mit dem Monitor verbunden und so über eine Base-Apex Ableitung das EKG der Probanden visuell analysiert und so die Herzfrequenz sowie eventuell auftretende Arrhythmien dokumentiert.

3.2.5.2 Kapnographie

Über den selben Monitor wie in 3.2.5.1, erfolgte mittels Seitenstrom-Kapnographie eine Analyse der inspiratorischen und exspiratorischen Atemwegsgase und somit eine Erfassung der in- und exspiratorischen Sauerstoff- und Isoflurankonzentrationen, sowie eine Bestimmung des endexspiratorischen CO_2 Partialdruckes (E_TCO_2) und der Atemfrequenz.

3.2.5.3 Blutdrücke

Der systolische, diastolische und mittlere arterielle Blutdruck wurde über einen in die *A. facialis* gelegten Verweilkatheter (Venocan™ PLUS IV Catheter 20G.33 mm, KRUUSE A/S, Dänemark) gemessen, welcher an ein kalibriertes Drucknehmersystem (Gould Statham Transducer, PD 23 ID, USA), welches sich auf Höhe des rechten Atriums befand, angeschlossen wurde.

Zusätzlich wurden die zuvor in Vorhof und Pulmonalarterie gelegten Ballonkatheter über einen baugleichen Drucknehmer an einen zweiten Narkosemonitor (Datex-Ohmeda S/5™, GE-Healthcare Clinical Systems, USA) angeschlossen, um so den mittleren pulmonalarteriellen Druck und den zentralvenösen Druck zu messen.

3.2.5.4 Herzminutenvolumen

Die Messung des Herzminutenvolumens erfolgte mittels Thermodilutionsmethode. Hierfür wurde der Swan-Ganz Katheter (Spitze in *A. pulmonalis* liegend) an einen Herzauswurfmonitor (Datex-Ohmeda S/5™, GE-Healthcare Clinical Systems, USA) angeschlossen. Geeiste 0,9%ige physiologische Kochsalz-Lösung (ein ml je 15 kg Körpergewicht) wurde dann über den zweiten Ballonkatheter (Spitze im Vorhof liegend) injiziert. Dabei wurden sowohl die Temperatur des Injektats als auch die Temperaturänderung des Bluts in der Pulmonalarterie über Temperaturfühler gemessen. Über das Integral der Temperaturänderung und -normalisierung wurde dann das Herzschlagvolumen vom Monitor kalkuliert. Fünf aufeinander folgende Messungen wurden durchgeführt und aus den 3 am dichtesten aneinander liegenden Messungen der Mittelwert gebildet. Dann wurden sowohl das Herzschlagvolumen als auch der Herzschlagindex errechnet.

3.2.5.5 Blutgasanalyse

Während der Versuche erfolgte eine periodisch Entnahme von Blutgasproben. Die Entnahme erfolgte mittels einer heparinisierten Spritze (PICO 50 Arterial Blood Sampler 2ml, Radiometer Medical, Dänemark), jeweils von einer arteriellen Blutprobe aus dem Katheter in der *A. facialis* und einer gemischtvenösen Blutprobe aus dem in der *A. pulmonalis* liegenden Zugang. Die Analyse der Proben wurde mit einem kommerziellen Blutgasanalyse Gerät, unmittelbar nach Entnahme der Proben durchgeführt (Blutgasanalysator ABL 800, Radiometer GmbH, Deutschland).

3.2.5.6 Systemischer Gefäßwiderstand

Der systemische oder periphere Gefäßwiderstand (SVR in dyn*sec*cm^{-5}) wurde im Nachhinein mittels nachstehender Formel errechnet und dokumentiert.

$$\text{SVR} = \frac{\text{mittlerer arterieller Blutdruck - zentralvenöser Druck} \times 80}{\text{Herzminutenvolumen}}$$

3.2.5.7 Alveolärer Totraum

Der alveoläre Totraum (alveolar dead space, alvDS) wurde im Nachhinein anhand der Werte des endexspiratorischen CO_2 Partialdruckes (E_TCO_2) und des arteriellen CO_2 Partialdruckes (p_aCO_2) mittels einer modifizierten Bohr-Totraumgleichung errechnet und dokumentiert.

$$\frac{\text{alvDS}[\%] = p_aCO_2 - E_TCO_2}{p_aCO_2 \times 100}$$

3.2.5.8 Bestimmung der peripheren Mikroperfusion mit dem O2C

Zu jedem Messzeitpunkt (Ablauf s. 3.2.6) wurden die drei gewünschten Messpunkte für diesen Versuch aufgesucht. Diese waren für die Messungen am Gastrointestinaltrakt die *Facies visceralis* des Magens, die Mitte des *Jejunums* und die *Flexura pelvina* des *Colon ascendens,* welche über eine präumbilicale mediane Laparotomie erreicht wurden. Dabei wird zwischen *Xyphoid* und Nabel ein ca. 20 cm langer Schnitt im Bereich der *Linea alba* durch Haut, Fascien und das Peritoneum bis in die Bauchhöhle durchgeführt..

Die Messungen wurden immer von derselben Person durchgeführt, so dass auch die Punkte bei jeder Messung gleichermaßen wieder aufgesucht wurden. Der Dickdarm wurde während der Messungen in der Bauchhöhle belassen, lediglich der Messpunkt am Dünndarm wurde zu Beginn des Versuches durch Vorlagerung aufgesucht und mittels lockeren Anbringens einer Bandage durch das Gekröse markiert. Die Messung erfolgte mit einer flachen Messsonde (LF-2 Flachsonde, Lea Medizintechnik GmbH, Deutschland) am *Jejunum* mittig zwischen der mesenterialen und der antimesenterialen Seite durch flaches Auflegen der Sonde (s. Abb. 3b). Der Teil des *Jejunums* an dem die Messung durchgeführt wurde, wurde zu jedem Messzeitpunkt leicht vorgelagert und danach wieder in die Bauchhöhle verbracht. Die Beckenflexur und der Magen wurden vor Messbeginn sicher identifiziert und die Sonde dann unter Handschutz zur Messung auf die Organoberfläche aufgebracht. Wichtig bei der

Messung mit dem O2C ist, direktes Auflicht bei der Messung zu vermeiden um Interferenzen mit dem Umgebungslicht und der Messung zu vermeiden.

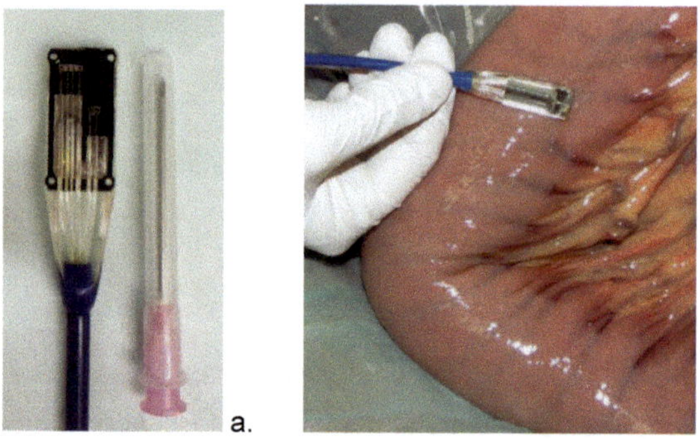

a. b.

Abb. 3a, 3b: 3a zeigt die Messonde LF-2 mit der die Messungen im Versuch durchgeführt wurden. 3b zeigt das Auflegen der Messsonde auf den Messort am *Jejunum* eines Probanden.

3.2.6 Versuchsablauf und Messzeitpunkte

Nach der Narkoseeinleitung erfolgte eine 90 minütigen Auswasch- und Äquilibrierungsphase. Diese wurde eingeplant, um die Interaktion der zur Einleitung verwendeten Medikamente mit den Messungen zu minimieren. Eine Stunde nach der Narkoseeinleitung wurde die Bauchhöhle der Probanden eröffnet.

Vor Beginn der Medikamentenapplikation wurden zwei Baseline Messungen durchgeführt um einen stabilen Ausgangswert für die Auswertung zu haben, dann wurde mit der Gabe des ersten Katecholamins ein Messzyklus gestartet der immer dem gleichen Prinzip folgte: Nach der 15 minütigen Infusion einer Medikamentendosierung wurde an jedem der fixen Messpunkte des Magendarmtraktes eine Messung mit dem O2C durchgeführt, diese jeweils für ca. 30 Sekunden/Messpunkt, sowie die zuvor genannten globalen Kreislaufparameter gemessen und dokumentiert. Nachdem die drei Dosierungen des jeweiligen Medikamentes infundiert und die letzte Messung durchgeführt wurde, wurde eine 45 minütige Auswaschzeit gestartet. Am Ende der Auswaschzeit erfolgte eine erneute

Baseline-Bestimmung, bevor das nächste Katecholamin verabreicht wurde (s. Abb. 4, Zeitablauf).

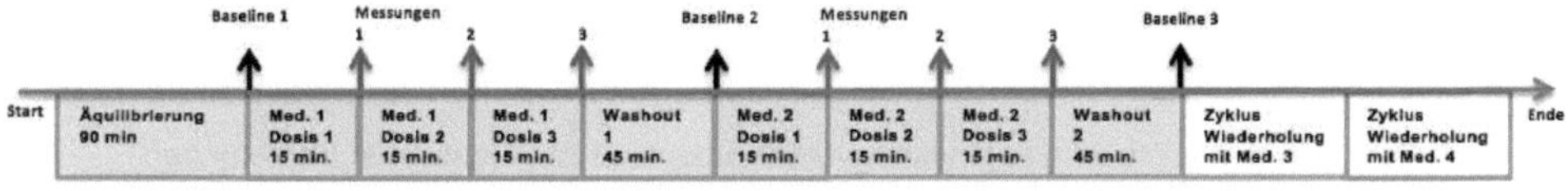

Abb. 4: Zeitlicher Ablauf der Versuchsreihe, Med. steht dabei für Medikament und entspricht dem jeweiligen Wirkstoff welcher infundiert wurde. Der Einfachheit halber sind die Abläufe von Medikament 3 und 4 hier abgekürzt worden, entsprechen aber demselben Ablaufprinzip.

3.2.7 Testsubstanzen

In den Versuchen wurden die Wirkstoffe Noradrenalin (Arterenol® 1 mg/ml, Sanofi-Aventis Deutschland GmbH), Dobutamin (Dobutamin-ratiopharm® 250 mg Trockensubstanz, Ratiopharm GmbH, Deutschland), Dopamin (Dopamin Fresenius 50 mg/5 ml, Fresenius Kabi Deutschland GmbH) und Phenylephrin (Phenylephrinhydrochlorid-Lösung 1 mg/ml, Herstellung durch Löwen-Apotheke, Bahnhofstr. 2, 30159 Hannover) in drei verschiedenen Dosierungen angewendet. Es wurde jeweils eine niedrige, eine intermediäre und eine hohe Dosis ausgewählt (s. Tab. 2). Über den zuvor gelegten venösen Zugang wurden alle im Versuch verwendeten Medikamente intravenös verabreicht. Die Katecholamine wurden einheitlich über eine Dosierpumpe (Perfusor® Compact, B. Braun Melsungen AG, Deutschland) in der individuell errechneten Dosierung infundiert und zuvor auf ein für die Dosierpumpe passendes Injektionsvolumen von 50 ml mit Wasser für Injektionszwecke (Aqua ad injectabilia® B.Braun Melsungen AG, Deutschland) verdünnt. Dann wurde pro Dosierung eine Infusionszeit von 15 min. angesetzt, so dass sich pro Medikament eine Infusionszeit von 45 min ergeben hat. Zwischen den jeweiligen Katecholaminen wurde eine Auswaschzeit von je 45 min. eingeplant, um eventuelle Interaktionen zwischen den Medikamenten zu umgehen.

Alle Probanden haben alle Katecholamine im Verlauf des Versuches erhalten, allerdings wurde die Reihenfolge der Verabreichung und die jeweilige Abfolge der Dosierungen unverblindet randomisiert. Die Randomisierungsliste wurde mittel kommerzieller Softwarte erstellt (Microsoft Excel® 2010).

Tab. 2: In den versuchen angewandte Medikamente in ihren jeweiligen Dosierungen.

Medikament	**Dosis niedrig µg/kg/min i.v.**	**Dosis mittel µg/kg/min i.v.**	**Dosis hoch µg/kg/min i.v.**
Dopamin	1	2	5
Dobutamin	0,5	1	3
Noradrenalin	0,1	0,2	0,5
Phenylephrin	0,5	1	3

3.3 Versuchsende

Zum Ende einer jeden Versuchsreihe wurde die Bauchhöhle der Pferde wieder verschlossen und die Tiere mittels Pentobarbital-Natrium 80 mg/kg KGW i.v. (Eutha® 400 mg/ml, Zoetis GmbH, Deutschland) euthanasiert und dem Institut für Anatomie der Stiftung Tierärztliche Hochschule Hannover, zu weiteren Lehrzwecken übergeben.

3.4 Auswertung und Statistik

Die Messungen die mit dem O2C angefertigt und auf dem Gerät gespeichert wurden, wurden zur weiteren Auswertung in Tabellenform übertragen (Microsoft Excel® 2010). Da das O2C an jedem Messzeitpunkt für die Länge der Messung (ca. 30 Sekunden) mit einer zeitlichen Auflösung von 20Hz die Datensätze gespeichert hat, wurden die Werte dieser einzelnen Datensätze für den Zweck der weiteren Auswertung in einen Mittelwert überführt. So sind für jeden Messzeitpunkt bei jedem einzelnen Probanden ein Wert sowohl für die Sauerstoffsättigung als auch den relativen Blutfluss entstanden. Die Werte aus den Messungen der zentralen Kreislaufparameter wurden ebenfalls zu jedem Messzeitpunkt dokumentiert, hier bestanden lediglich die Herzauswurfmessungen mittels Thermodilution aus 3 aufeinander folgenden

Messungen, die als gemittelten Wert in die Auswertung eingeflossen sind. Die Daten der Messzeitpunkte aller 10 Probanden wurden dann in die statistische Auswertung genommen. Die statistische Auswertung wurde mittels der Statistiksoftware SAS 9.3 (SAS Institute Inc. Cary, USA) durchgeführt.

Um den Effekt der Dosierung der jeweiligen Medikamente ausreichend analysieren zu können wurden die Baseline Messungen, die jeweils vor Beginn des einzelnen Medikamentes durchgeführt wurden, als gesamthafte Baseline zusammengefasst. Zum Beispiel wurden alle Baseline Messungen die vor Beginn jeder Dopamin Infusion stattgefunden haben, die durch die Randomisierung der Reihenfolge nicht immer denselben Zeitpunkt darstellten, als Baseline für Dopamin zusammengefasst und als Dopamin 0 bezeichnet. Die niedrige Dosis wurde für jedes der Medikamente als Dosis 1 bezeichnet, die weiteren Dosierungen wie folgt dann Dosis 2 und 3. Um nachweisen zu können, dass die hier gewählten Auswaschzeit zwischen den Infusionen ausreichend waren, wurden die zusammengefassten Baseline Werte bezogen auf die Medikamente, untereinander einem Vergleich auf statistische Signifikanz unterzogen. Um die Dauer der Narkose als möglichen Einflussfaktor auf die gemessenen Werte besser einschätzen zu können, wurden alle Baseline Daten auch nochmalig in ihrer ursprünglichen chronologischen Reihenfolge, unabhängig der Medikamente, einer Auswertung auf statistisch signifikante Unterschiede unterzogen.

Die Überprüfung auf Normalverteilung fand mittels visueller Analyse der Q-Q Plots und der Durchführung eines Shapiro-Wilk Tests auf Normalverteilung statt. Die Hypothese der Normalverteilung wurde hier bei $p<0,05$ abgelehnt.

Der Anteil der Daten die der Annahme der Normalverteilung unterlagen, wurden mittels einer einfaktoriellen Varianzanalyse für wiederholte Messungen mit einem Tukey-Kramer Post-Test (1-way-ANOVA for repeated measurements) auf einen signifikanten Effekt zwischen den Dosierungen der jeweiligen Medikamente und dem individuell beobachteten Effekt untersucht.

Die Daten, die der Annahme auf Normalverteilung nicht unterlagen, wurden auf den selbigen Zusammenhang mittels eines Permutationstestes für gepaarte Beobachtungen mit einer p-Wert Adjustierung nach Sidak untersucht. In den nachfolgenden Kapiteln sind alle mittels Permutationstest ermittelten p-Werte mit einem * markiert (z.B. p<0,001*).

Für alle Beobachtungen wurde das Niveau der statistischen Signifikanz bei $p < 0{,}05$ gesetzt.

Die graphische Darstellung der analysierten Daten wurde mittels der Software GraphPad PRISM 6 (GraphPad Software, Inc. USA) angefertigt.

4 Ergebnisse

4.1 Ablauf der Versuchsreihe

Alle Probanden haben das Versuchsprotokoll ohne Zwischenfälle durchlaufen, so dass alle Messungen ausgeführt und aufgezeichnet werden konnten und alle Probanden am Ende der Versuchsreihe planmäßig und tierschutzkonform euthanasiert wurden. Weitere individuelle Reaktionen auf die Gabe der verschiedenen Katecholamine sind in den folgenden Abschnitten erläutert.

4.2 Globale Kreislaufparameter

4.2.1 Arterieller Blutdruck

Die Werte des systolischen und diastolischen Blutdruckes sind in Tabelle 3 für die verschiedenen Katecholamine angegeben, Abbildung 5 zeigt die Ergebnisse des mittleren arteriellen Blutdruckes für alle vier Katecholamine vergleichend dargestellt.
Dobutamin führte in der hohen Dosierung zu einem signifikanten Anstieg des mittleren arteriellen Blutdruckes sowohl im Vergleich zu der Baseline, als auch zu der niedrigen und mittleren Dosierung (jeweils $p < 0{,}0001$). Die mittlere und die niedrige Dosis führten ebenfalls zu einem signifikanten Anstieg verglichen mit der Baseline ($p = 0{,}0003$), die mittlere Dosierung führte zudem zu einer signifikanten Erhöhung des Blutdruckes im Vergleich zu der niedrigen Dosierung ($p = 0{,}0195$). Der systolische und diastolische Blutdruck wurden ebenfalls signifikant erhöht im Vergleich zu der Baseline von allen drei Dosierungen (jeweils $p < 0{,}0001$) und im Vergleich zu Dosis zwei und eins von der höchsten Dosierung (je $p < 0{,}0001$).
Dopamin führte zu einer signifikanten Senkung des mittleren arteriellen Blutdruckes in seinen drei Dosierungen im Vergleich zur Baseline Messung ($p = 0{,}0398$ für die niedrige Dosis, $p < 0{,}0001$ für die mittlere und hohe Dosis). In der mittleren und hohen Dosierung war der Abfall auch im Vergleich zur niedrigen Dosis signifikant (mittlere Dosis $p = 0{,}0117$, hohe Dosis $p = 0{,}0002$). Der systolische Druck wurde nicht signifikant beeinflusst, der diastolische Druck wurde signifikant verringert, von Dosis zwei und drei im Vergleich zu der Baseline ($p = 0{,}0001$ und $p = 0{,}0002$).

Der Effekt von Noradrenalin bestand aus einem signifikanten Anstieg des Blutdruckes in der mittleren und hohen Dosierung im Vergleich zur Baseline, sowie zur niedrigen Dosis ($p < 0{,}0001$). Auch die mittlere und die hohe Dosis unterschieden sich signifikant. Der systolische Blutdruck wurde durch Dosis zwei signifikant über Baseline Werte gebracht ($p = 0{,}0090$), während Dosis drei sowohl im Vergleich zu der Baseline als auch der niedrigen und intermediären Dosis zu einer signifikanten Erhöhung des systolischen und diastolischen Druckes geführt hat (jeweils $p < 0{,}0001$).
Phenylephrin führte in allen Dosierungen zu einem signifikanten Anstieg des mittleren arteriellen Blutdruckes verglichen mit der Baseline ($p = 0{,}001$ für die niedrige Dosis, $p < 0{,}0001$ für die mittlere und hohe Dosis). Die mittlere und hohe Dosierung zeigten zusätzlich einen signifikanten Anstieg verglichen mit der niedrigen Dosis ($p < 0{,}0001$), während der mittlere arterielle Blutdruck bei Dosis drei höher war im Vergleich zur mittleren Dosis ($p < 0{,}0001$). Der systolische und diastolische Blutdruck wurden gleichermaßen verändert (jeweils mit $p < 0{,}0001$).

Tab. 3: Systolische und diastolische Blutdrücke in mmHg angegeben als Mittelwerte ± SD unter Einfluss der vier Katecholamine und zu den Zeitpunkten der Baseline Messungen.
* signifikanter Unterschied zu Dosis 0 (Baseline), ° signifikanter Unterschied zu Dosis 1,
# signifikanter Unterschied zu Dosis 2 ($p < 0{,}05$).

Katecholamin	Systole	Diastole
Baseline Dobutamin	99,3 ± 18,1	58,5 ± 11,2
Dobutamin 1	120,3 ± 16,7 *	76,0 ± 18,2 *
Dobutamin 2	136,4 ± 20,6 *	85,0 ± 17,9 *
Dobutamin 3	173,4 ± 28,4 *°#	96,7 ± 18,6 *°#
Baseline Dopamin	104,4 ± 12,8	56,8 ± 11,3
Dopamin 1	94,7 ± 17,1	45,7 ± 9,2
Dopamin 2	93,4 ± 16,0	38,1 ± 9,6 *
Dopamin 3	94,7 ± 14,6	35,5 ± 7,5 *
Baseline Noradrenalin	97,3 ± 18,9	55,7 ± 12,4
Noradrenalin 1	108,1 ± 19,4	61,4 ± 13,1
Noradrenalin 2	124,9 ± 16,1 *	70,2 ± 14,1
Noradrenalin 3	167,8 ± 34,1 *°#	93,4 ± 25,5 *°#
Baseline Phenylephrin	102,1 ± 13,8	58,1 ± 13,0
Phenylephrin 1	127,1 ± 15,8 *	77,5 ± 18,9 *
Phenylephrin 2	138,0 ± 15,7 *	87,5 ± 20,5 *
Phenylephrin 3	185,3 ± 25,1 *°#	106,7 ± 23,2 *°#

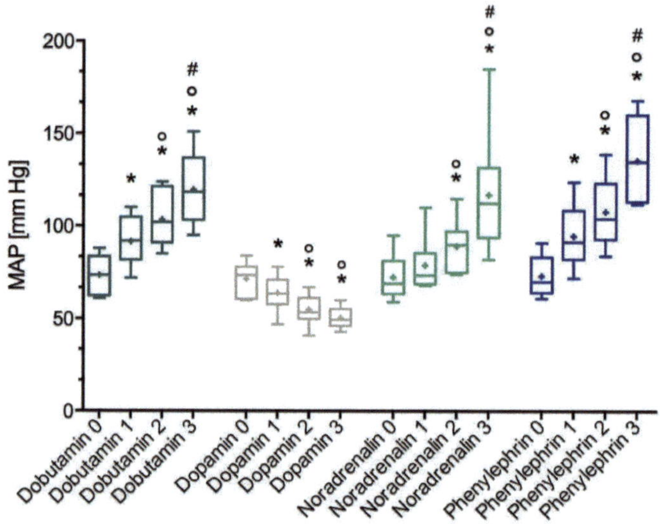

Abb. 5: Darstellung des mittleren arteriellen Blutdruckes („mean arterial pressure" MAP) in Abhängigkeit von den vier Katecholaminen in ihren drei steigenden Dosierungen (1-3) und der Baseline (0). Angezeigt als Q-Q Plot mit Median (Linie) und Mittelwert (Kreuz). Ausreißer (Quadrat) stellen alle Werte 1,5 x kleiner/größer des Interquartilsabstandeses (Box) dar.

* signifikanter Unterschied zu Dosis 0 (Baseline), ° signifikanter Unterschied zu Dosis 1, # signifikanter Unterschied zu Dosis 2 ($p < 0,05$).

4.2.2 Pulmonalarterieller und zentralvenöser Druck

Der Druckmessungen aus der *A. pulmonalis* und des rechten Vorhofes (zentralvenöser Druck) sind in Tab. 4 als Mittelwerte ± SD aufgeführt.

Dobutamin führte in der mittleren und hohen Dosierung zu einem signifikanten Anstieg des pulmonalarteriellen Druckes im Vergleich zur Baseline ($p = 0,001$). Die hohe Dosierung ließ den pulmonalarteriellen Druck zusätzlich verglichen mit der niedrigen Dosis signifikant ansteigen ($p = 0,0043$).

Im rechten Vorhof stieg der Druck signifikant zu der Baseline durch den Einfluss der mittleren Dosis von Dobutamin (p 0,007), die anderen Dosierungen wiesen einen erhöhenden Trend, allerdings ohne statistische Signifikanz auf.

Dopamin führte in keiner seiner Dosierungen zu einer signifikanten Veränderung, weder des Druckes im rechten Vorhof noch in der Pulmonalarterie.

Noradrenalin erhöhte den Druck in der *A. pulmonalis* in der hohen Dosis signifikant zur Baseline (p = 0,0157). Der Druck im rechten Vorhof wurde durch die hohe Dosis verglichen mit der niedrigen Dosis signifikant erhöht (p = 0,023).

Phenylephrin erhöhte den Druck in der Pulmonalarterie in allen drei Dosierungen signifikant zur Baseline (p < 0,0001). Der Anstieg durch die hohe Dosis war zusätzlich signifikant im Vergleich zur niedrigen und mittlerem Dosis (p < 0,0001). Der zentralvenöse Druck stieg unter der mittleren und hohen Dosis ebenfalls signifikant an (p = 0,002 und p < 0,0001).

Tab. 4: Mittlerer Druck in der *A. pulmonalis* und Druck im rechten Vorhof gemessen in mmHg, angegeben als Mittelwert ± SD unter Einfluss der verschieden Katecholamine und bei den Baseline Messungen. * signifikanter Unterschied zu Dosis 0 (Baseline), ° signifikanter Unterschied zu Dosis 1, # signifikanter Unterschied zu Dosis 2 (p < 0,05).

Katecholamin	A. *pulmonalis*	Rechter Vorhof
Baseline Dobutamin	10.8 ± 5.7	3.4 ± 1.8
Dobutamin 1	14.7 ± 5.6	4.6 ± 1.7
Dobutamin 2	20.9 ± 7.4*	6.5 ± 2.3
Dobutamin 3	23.5 ± 8.5 *°	7.3 ± 2.7 *
Baseline Dopamin	13.8 ± 6.8	4.3 ± 2.1
Dopamin 1	14.1 ± 7.3	4.4 ± 2.3
Dopamin 2	12.6 ± 4.7	3.9 ± 1.5
Dopamin 3	12.5 ± 5.4	3.9 ± 1.7
Baseline Noradrenalin	12.1 ± 7.4	3.8 ± 2.3
Noradrenalin 1	15.4 ± 5.1	4.3 ± 2.1
Noradrenalin 2	14.2 ± 9.2	4.4 ± 2.9
Noradrenalin 3	20.0 ± 10.4 *	5.6 ± 3.6 °
Baseline Phenylephrin	10.4 ± 6.7	3.3 ± 2.1
Phenylephrin 1	22.1 ± 7.7*	6.9 ± 2.4
Phenylephrin 2	23.7 ± 6.9*	7.4 ± 2.2 *
Phenylephrin 3	30.8 ± 8.6 *°#	9.6 ± 2.7 *

4.2.3 Herzfrequenz

Die Herzfrequenz wurde zur Baseline durch die mittlere und hohe Dosierung von Dobutamin signifikant erhöht ($p = 0{,}0219$, $p < 0{,}0001$). Die hohe Dosis führte zudem zu einem signifikanten Anstieg der Herzfrequenz in Bezug auf die niedrige Dosis ($p = 0{,}0157$).

Dopamin führte lediglich in der niedrigen und mittleren Dosierung zu einem signifikanten Anstieg verglichen mit der Baseline ($p = 0{,}041$).

Durch die Gabe von Noradrenalin und Phenylephrin wurde die Herzfrequenz gesenkt. Hier waren bei Noradrenalin die Werte unter Einfluss der hohen Dosis signifikant niedriger verglichen mit der Baseline ($p = 0{,}001$*) und zur niedrigen ($p < 0{,}0001$*) und mittleren Dosis ($p = 0{,}015$).

Phenylephrin führte in allen drei Dosierungen zu einer signifikanten Senkung der Herzfrequenz im Vergleich zu den Baseline Werten ($p = 0{,}0217$, $p = 0{,}0008$ und $p < 0{,}0001$). Die hohe Dosierung führte zusätzlich zu einer Senkung der Herzfrequenz verglichen mit der niedrigen Dosis ($p = 0{,}0032$). Die Ergebnisse zur Herzfrequenz sind Abbildung 6 zu entnehmen.

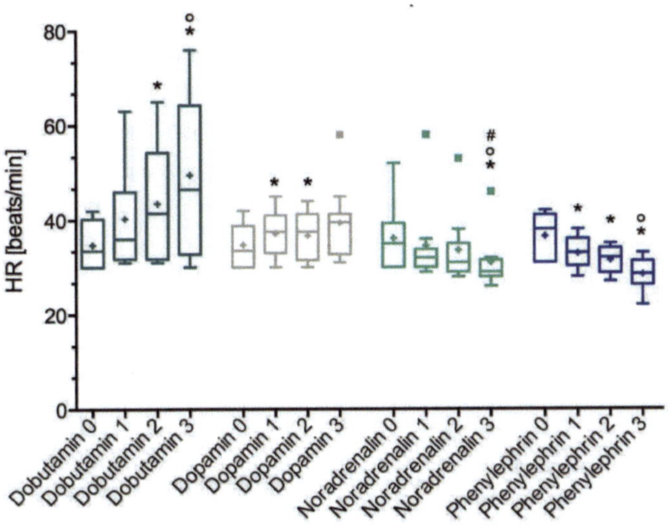

Abb. 6: Darstellung der Herzfrequenz („heart rate" HR) in Abhängigkeit von den vier Katecholaminen in ihren drei steigenden Dosierungen (1-3) und der Baseline (0). Angezeigt als Q-Q Plot mit Median (Linie) und Mittelwert (Kreuz). Ausreißer (Quadrat) stellen alle Werte 1,5 x kleiner/größer des Interquartilsabstandeses (Box) dar.

* signifikanter Unterschied zu Dosis 0 (Baseline), ° signifikanter Unterschied zu Dosis 1, # signifikanter Unterschied zu Dosis 2 (p < 0,05).

4.2.4 Schlagvolumen

Durch die Infusion von Dobutamin in mittlerer und hoher Dosis kam es zu einer signifikanten Erhöhung des Schlagvolumens. Die Erhöhung war für beide Dosierungen signifikant im Vergleich zur Baseline (p = 0,002 und p < 0,0001), sowie im Vergleich zur niedrigen Dosis (p = 0,001 und p < 0,0001).

Das Dopamin beeinflusste das Schlagvolumen ebenfalls. In der mittleren und hohen Dosierung war das Schlagvolumen signifikant größer zum Zeitpunkt der Baseline Messung (p = 0,0177 und p = 0,0009) und auch in Bezug auf die Werte der Messungen unter der niedrigen Dosis waren die Werte der mittleren und hohen Dosis signifikant größer (p = 0,0345 und p = 0,0019).

Der Einfluss von Noradrenalin auf das Schlagvolumen war lediglich in der hohen Dosierung signifikant. So war das Schlagvolum im Vergleich zu der Baseline (p = 0,028) zur niedrigen (p 0,005) und zur hohen Dosis (p 0,001) signifikant höher.

Die Gabe von Phenylephrin führte zu keinen statistisch signifikanten Veränderungen des Schlagvolumens während der Messperioden. Die Darstellung des Schlagvolumens ist der Abbildung 7 zu entnehmen.

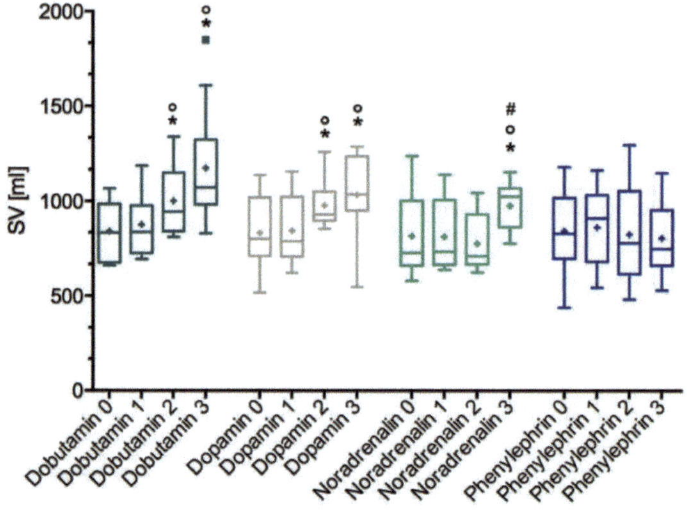

Abb. 7: Darstellung des Schlagvolumens („stroke volume" SV) in Abhängigkeit von den vier Katecholaminen in ihren drei steigenden Dosierungen (1-3) und der Baseline (0). Angezeigt als Q-Q Plot mit Median (Linie) und Mittelwert (Kreuz). Ausreißer (Quadrat) stellen alle Werte 1,5 x kleiner/größer des Interquartilsabstandeses (Box) dar.

* signifikanter Unterschied zu Dosis 0 (Baseline), ° signifikanter Unterschied zu Dosis 1, # signifikanter Unterschied zu Dosis 2 (p < 0,05).

4.2.5 Herzminutenvolumen

Dobutamin in mittlerer und hoher Dosis führten zu einer Erhöhung des Herzminutenvolumens verglichen zur Baseline (p < 0,0001), sowie im Vergleich zur niedrigen Dosis (p = 0,0031 und p < 0,0001). Die hohe Dosierung führte ebenfalls im Vergleich zur mittleren Dosis zu einem signifikanten Anstieg (p < 0,0001) (s. Abb. 8).

Bei Dopamin führte die mittlere Dosierung zu einer signifikanten Erhöhung des Herzminutenvolumens verglichen zur Baseline (p = 0,0002) und im Vergleich zur niedrigen Dosis (p = 0,0162). Unter der hohen Dosis waren die Werte sowohl verglichen zur Baseline (p < 0,0001), als auch zur niedrigen (p < 0,0001) und zur mittleren Dosis (p = 0,0472) signifikant höher.

Noradrenalin induzierte keine statistisch signifikanten Effekte .

Phenylephrin führte in der mittleren und hohen Dosis zu einem signifikanten Abfall des Herzminutenvolumens verglichen zur Baseline (p = 0,0074 und p < 0,0001). Die Werte unter der Dosis drei zeigten sich ebenfalls zu der Dosierung eins signifikant niedriger (p = 0,0034).

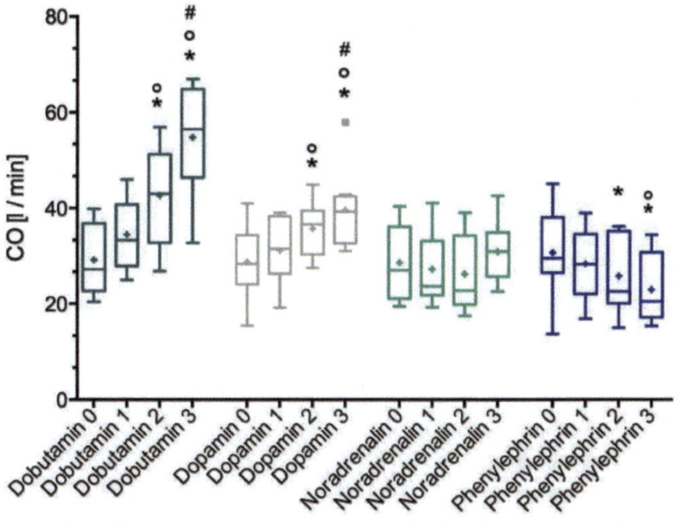

Abb. 8: Darstellung des Herzminutenvolumens („Cardiac Output" CO) in Abhängigkeit von den vier Katecholaminen in ihren drei steigenden Dosierungen (1-3) und der Baseline (0). Angezeigt als Q-Q Plot mit Median (Linie) und Mittelwert (Kreuz). Ausreißer (Quadrat) stellen alle Werte 1,5 x kleiner/größer des Interquartilsabstandeses (Box) dar.

* signifikanter Unterschied zu Dosis 0 (Baseline), ° signifikanter Unterschied zu Dosis 1,

signifikanter Unterschied zu Dosis 2 (p < 0,05).

4.2.6 Peripherer Gefäßwiderstand

Die Kalkulationen des peripheren oder systemischen Gefäßwiderstandes ergaben für die vier Katecholamine die nachfolgenden Ergebnisse (graphische Darstellung der Ergebnisse sind Abb. 9 zu entnehmen).

Dobutamin senkte den systemischen Gefäßwiderstand in seiner hohen Dosierung signifikant im Vergleich zu den Werten der Baseline Messungen ($p = 0{,}0490$) und im Vergleich zu der niedrigen Dosierung ($p = 0{,}0097$).

Dopamin in der mittleren und hohen Dosierung senkte ebenfalls den Gefäßwiderstand im Vergleich zur Baseline ($p < 0{,}0001$) als auch im Vergleich zur niedrigen Dosis ($p < 0{,}0001$). Die Werte der hohen Dosis waren zusätzlich signifikant niedriger als die der mittleren Dosis ($p = 0{,}0003$).

Noradrenalin und Phenylephrin hingegen führten zu einer Erhöhung der Widerstandswerte. Noradrenalin in seiner mittleren und hohen Dosis im Vergleich zu der Baseline ($p < 0{,}0001$) und der niedrigen Dosierung ($p = 0{,}0048$ und $p < 0{,}0001$), und Phenylephrin in der mittleren und hohen Dosis ausschließlich im Vergleich zur Baseline ($p = 0{,}0012$, $p < 0{,}0001$). Der Effekt der hohen Phenylephrin-Dosis war zusätzlich signifikant größer als die Werte der niedrigen und mittleren Dosis ($p<0{,}0001$, $p = 0{,}0007$).

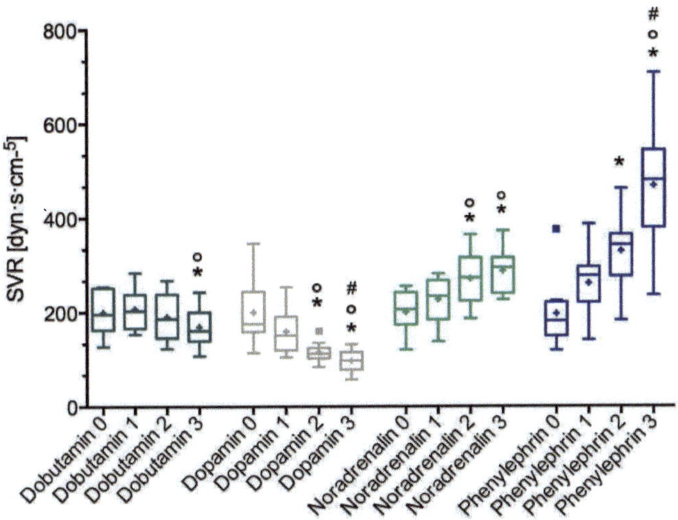

Abb. 9: Darstellung des systemischen Gefäßwiderstandes („Systemic Vascular Resistance" SVR) in Abhängigkeit von den vier Katecholaminen in ihren drei steigenden Dosierungen (1-3) und der Baseline (0). Angezeigt als Q-Q Plot mit Median (Linie) und Mittelwert (Kreuz). Ausreißer (Quadrat) stellen alle Werte 1,5 x kleiner/größer des Interquartilsabstandeses (Box) dar. * signifikanter Unterschied zu der Dosis 0 (Baseline), ° signifikanter Unterschied zu der Dosis 1,
signifikanter Unterschied zu der Dosis 2 ($p < 0,05$).

4.2.7 Arterieller und gemischtvenöser Sauerstoffpartialdruck

Die Werte beider Partialdrücke pro Medikament sind in Tabelle 5 aufgeführt. Bei der Analyse der arteriellen Blutgase ergaben sich keine signifikanten Ergebnissee.

Der gemischtvenöse Sauerstoffpartialdruck gemessen im Blut der *A. pulmonalis* wies bei Dobutamin einen signifikanten Anstieg auf. Im Vergleich zu der Baseline kam es unter allen drei Dosierungen zu einem Anstieg des Partialdruckes ($p = 0,0023$, $p < 0,0001$ und $p < 0,0001$). Die hohe Dosierung führte auch im Vergleich mit den Werten der niedrigen und mittleren Dosis zu einer Erhöhung des p_vO_2 ($p = 0,0002$ und $p = 0,0055$).

Der Effekt von Dopamin und Phenylephrin war statistisch nicht signifikant, während Noradrenalin in der hohen Dosis zu einem Anstieg des p_vO_2 führte, und zwar im Vergleich zu der Baseline ($p = 0{,}0022$) und der mittleren Dosierung ($p = 0{,}0279$).

Tab. 5: Arterieller und gemischtvenöser O_2-Partialdruck in mmHg als Mittelwert ± SD unter Einfluss der verschiedenen Katecholamine und zu den Zeiten der Baseline Messungen. * signifikanter Unterschied zu Dosis 0 (Baseline), ° signifikanter Unterschied zu Dosis 1, # signifikanter Unterschied zu Dosis 2 ($p < 0{,}05$).

Katecholamine	p_aO_2	p_vO_2
Baseline Dobutamin	125,89 ± 76,92	37,20 ± 6,22 *
Dobutamin 1	136,54 ± 116,33	46,61 ± 7,14 *
Dobutamin 2	143,97 ± 112,00	48,20 ± 6,58 *°#
Dobutamin 3	153,35 ± 99,40	56,68 ± 7,43
Baseline Dopamin	90,5 ± 44,23	44,42 ± 5,92
Dopamin 1	84,43 ± 40,83	42,11 ± 4,89
Dopamin 2	85,11 ± 38,11	41,51 ± 6,92
Dopamin 3	90,22 ± 39,68	45,91 ± 6,32
Baseline Noradrenalin	82,98 ± 40,19	37,77 ± 7,31
Noradrenalin 1	89,66 ± 53,40	40,56 ± 7,46
Noradrenalin 2	94,24 ± 69,73	39,66 ± 6,32
Noradrenalin 3	96,78 ± 55,64	44,39 ± 8,64 *°
Baseline Phenylephrin	84,34 ± 18,75	43,40 ± 9,71
Phenylephrin 1	74,93 ± 26,75	43,16 ± 7,84
Phenylephrin 2	80,99 ± 34,06	43,73 ± 6,38
Phenylephrin 3	80,58 ± 24,62	44,87 ± 6,32

4.2.8 Arterieller, gemischtvenöser und endexspiratorischer CO_2 Partialdruck

Bei den Messungen des arteriellen und gemischtvenösen pCO_2 führte lediglich die hohe Dosis von Phenylephrin zu einer Erhöhung der Messwerte des p_vCO_2 im Vergleich zu der Baseline Messung ($p = 0{,}0480$). Die anderen Veränderungen verblieben ohne statistische Signifikanz (s. Tabelle 6).

Der endexspiratorische CO_2 bzw. E_TCO_2 war unter Einfluss der hohen Dosis des Dobutamins signifikant erhöht, sowohl im Vergleich zur Baseline ($p = 0{,}0027$) als auch zur niedrigen Dosis ($p = 0{,}0045$).

Phenylephrin führte in seiner mittleren Dosis zu einem signifikant niedrigeren E_TCO_2 im Vergleich zu den Messwerten der Baseline ($p = 0,0053$), während Dopamin und Noradrenalin keine signifikanten Veränderungen erbrachten. Die Ergebnisse der oben erwähnten Messungen sind der Tabelle 6 zu entnehmen.

Tab. 6: Arterielle, gemischtvenöse CO_2- und endexspiratorische CO_2 Partialdrücke in mmHg als Mittelewert ± SD unter Einfluss der verschieden Katecholamine und zu den Messzeitpunkten der Baseline. * signifikanter Unterschied zu Dosis 0 (Baseline), ° signifikanter Unterschied zu Dosis 1, # signifikanter Unterschied zu Dosis 2 ($p < 0,05$).

Katecholamin	p_aCO_2	p_vCO_2	E_TCO_2
Baseline Dobutamin	42,85 ± 4,58	47,80 ± 9,15	30,00 ± 6,41
Dobutamin 1	44,05 ± 3,75	47,62 ± 7,78	30,20 ± 4,96
Dobutamin 2	45,27 ± 3,86	46,28 ± 6,84	32,30 ± 5,10
Dobutamin 3	46,44 ± 4,42	48,73 ± 5,18	34,00 ± 4,19 *°
Baseline Dopamin	42,94 ± 3,39	46,45 ± 6,49	28,70 ± 4,00
Dopamin 1	42,75 ± 3,05	45,46 ± 6,32	28,10 ± 3,67
Dopamin 2	43,36 ± 2,92	46,33 ± 5,78	28,90 ± 4,48
Dopamin 3	44,00 ± 4,24	45,49 ± 5,76	29,60 ± 4,03
Baseline Noradrenalin	41,49 ± 5,51	45,95 ± 5,93	28,50 ± 5,46
Noradrenalin 1	43,52 ± 3,96	45,02 ± 6,87	28,00 ± 5,44
Noradrenalin 2	43,26 ± 4,37	47,44 ± 8,17	28,70 ± 6,33
Noradrenalin 3	44,17 ± 3,58	46,03 ± 7,15	29,40 ± 5,21
Baseline Phenylephrin	43,54 ± 3,61	46,21 ± 6,39	31,20 ± 3,71
Phenylephrin 1	45,19 ± 4,40	47,81 ± 6,67	29,20 ± 2,57
Phenylephrin 2	45,00 ± 2,93	47,49 ± 6,49	28,40 ± 2,72
Phenylephrin 3	44,72 ± 3,73	49,51 ± 6,12 *	29,40 ± 2,72 *

4.2.9 Alveolärer Totraum

Für die errechneten Werte des alveolären Totraumes (alveolar dead space, alvDS) ergaben sich lediglich für Noradrenalin und Phenylephrin statistisch signifikante Unterschiede. Die niedrige Noradrenalin Dosis führte zu einem signifikanten Anstieg im Vergleich zu Baseline Werten ($p = 0,0043$), während unter dem Einfluss aller Phenylephrin Dosen der alveoläre Totraum im Vergleich zu der Baseline signifikant zunahm ($p = 0,0024$, $p = 0,0002$ und $p = 0,0144$).

Die anderen Dosierungen und Medikamente erbrachten keine Veränderungen.

Tab. 7: Alveolärer Totraum alvDS in [%] als Mittelwert ± SD unter Einfluss der verschieden Katecholamine und zu den Messzeitpunkten der Baseline.
* signifikanter Unterschied zu Dosis 0 (Baseline) (p<0,05).

Katecholamin	alvDS
Baseline Dobutamin	30,3 ± 10,4
Dobutamin 1	31,6 ± 7,8
Dobutamin 2	28,9 ± 7,9
Dobutamin 3	26,7 ± 7,4
Baseline Dopamin	33,4 ± 6,3
Dopamin 1	34,5 ± 5,1
Dopamin 2	33,6 ± 7,3
Dopamin 3	32,7 ± 6,8
Baseline Noradrenalin	31,2 ± 11,1
Noradrenalin 1	35,9 ± 9,6*
Noradrenalin 2	34,0 ± 11,2
Noradrenalin 3	33,7 ± 8,5
Baseline Phenylephrin	28,5 ± 3,8
Phenylephrin 1	35,2 ± 4,8*
Phenylephrin 2	36,7 ± 6,5*
Phenylephrin 3	34,0 ± 6,9*

4.3 Mikrovaskulärer Blutfluss (Flow)

4.3.1 Dünndarm

Dobutamin führte am Dünndarm in seiner mittleren Dosierung zu einem signifikanten Anstieg des mikrovaskulären Blutflusses im Vergleich zu der Baseline Messung (p < 0,0001) und der niedrigen Dosierung (p < 0,0001). Die hohe Dosierung von Dobutamin führte ebenfalls zu einem signifikanten Anstieg sowohl verglichen mit der Baseline (p = 0,001), als auch mit der niedrigen (p < 0,0001) und der mittleren Dosierung (p = 0,016).

Die hohe Dosis Dopamin führte am Dünndarm zu einer signifikanten Reduzierung des mikrovaskulären Blutflusses sowohl im Vergleich zu der Baseline Messung (p < 0,0001), als auch zu der niedrigen (p < 0,0001) und mittleren Dosierung (p < 0,0001). Die niedrige und die intermediäre Dosis führten dabei zu keinem statistisch signifikanten Effekt.

Die Anwendung von Noradrenalin führte in keiner der Dosierungen zu einer statistisch signifikanten Veränderung des Blutflusses.

Phenylephrin zeigte in seiner niedrigen und mittleren Dosierung keine statistisch signifikanten Effekte, wohingegen die hohe Dosierung sowohl im Vergleich zu der Baseline (p < 0,0001), als auch zu der niedrigen (p = 0,0021) und mittleren Dosis (p = 0,0053) eine signifikante Senkung des Blutflusses mit sich gezogen hat.

Die zu Grunde liegenden Ergebnisse sind der Abbildung 10 zu entnehmen, die prozentualen Abweichungen des Blutflusses von der Baseline der Abbildung 11.

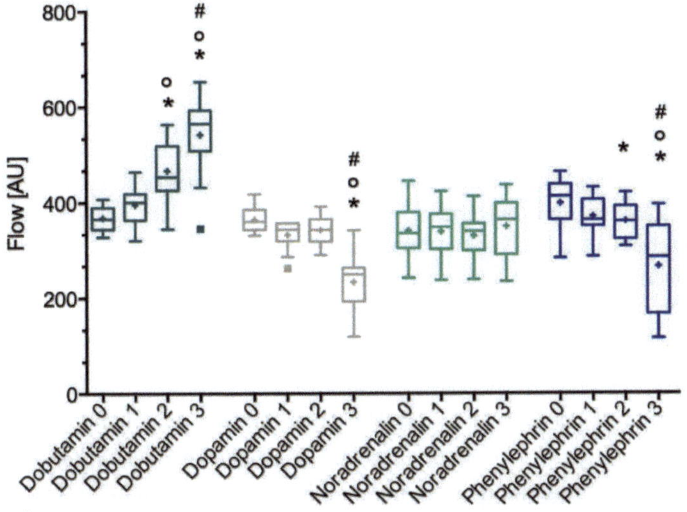

Abb. 10: Darstellung des Blutflusses (Flow) gemessen mit dem O2C am Dünndarm in Abhängigkeit von den vier Katecholaminen in ihren drei steigenden Dosierungen (1-3) und der Baseline (0). Angezeigt als Q-Q Plot mit Median (Linie) und Mittelwert (Kreuz). Ausreißer (Quadrat) stellen alle Werte 1,5 x kleiner/größer des Interquartilsabstandes (Box) dar.

* signifikanter Unterschied zu Dosis 0 (Baseline), ° signifikanter Unterschied zu Dosis 1, # signifikanter Unterschied zu Dosis 2 (p < 0,05).

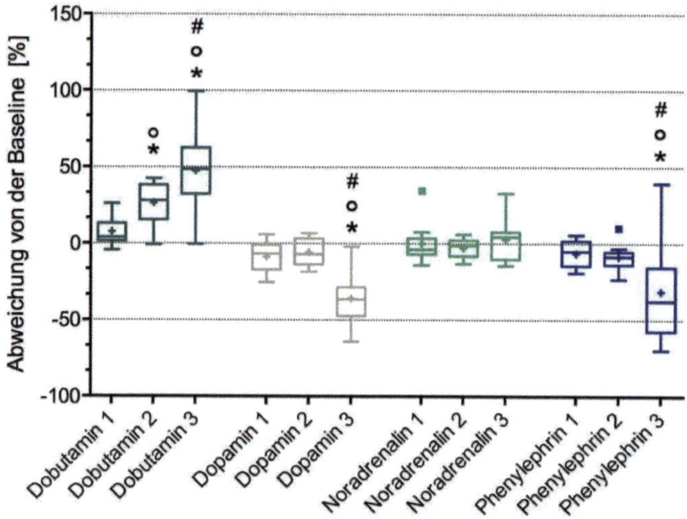

Abb. 11: Darstellung der prozentualen Abweichung des Blutflusses (Flow) von der jeweiligen Baseline Messung (gesetzt als Ausgangswert 0) am Dünndarm, in Abhängigkeit von Medikament und Dosierung (1-3). Die Boxplot Darstellung entspricht Abb. 2.
* signifikanter Unterschied zu Dosis 0 (Baseline), ° signifikanter Unterschied zu Dosis 1,
# signifikanter Unterschied zu Dosis 2 (p<0,05).

4.3.2 Dickdarm

Am Dickdarm zeigt sich bei Dobutamin ein ähnliches Bild wie am Dünndarm. Hier führten die mittlere und die hohe Dosis zu einem signifikanten Anstieg des Flow, sowohl im Vergleich zur Baseline (p = 0,0152, p < 0,0001), als auch verglichen zur niedrigen (p = 0,0334, p < 0,0001). Die hohe Dosis zeigte zusätzlich auch einen signifikanten Anstieg im Vergleich zur mittleren Dosis (p < 0,0007), während die niedrige Dosis zu keinen signifikanten Veränderungen geführt hat.

Dopamin führte, wie beim Dünndarm, auch am Dickdarm nur in der hohen Dosis zu einer signifikanten Verminderung des Flow Wertes, sowohl im Vergleich zu der Baseline, der niedrigen als auch der mittleren Dosis von Dopamin (jeweils mit p < 0,0001).

Das Noradrenalin zeigte auch beim Dickdarm in Bezug auf den mikrovaskulären Blutfluss keine signifikanten Effekte.

Durch den Einfluss der hohen Dosis von Phenylephrin wurde der Blutfluss signifikant vermindert und zwar im Vergleich zu der Baseline und der niedrigen Dosis (jeweils mit p < 0,0001), sowie zu der mittleren Dosis (p 0,001). Während die anderen Phenylephrin Dosierungen zwar einen negativen Trend verursachten, waren hier keine statistischen Signifikanzen zu verzeichnen.

Die Ergebnisse der Flow Messungen sind in Abbildung 12 dargestellt. Die prozentuale Abweichungen von der Baseline der Abbildung 13 zu entnehmen.

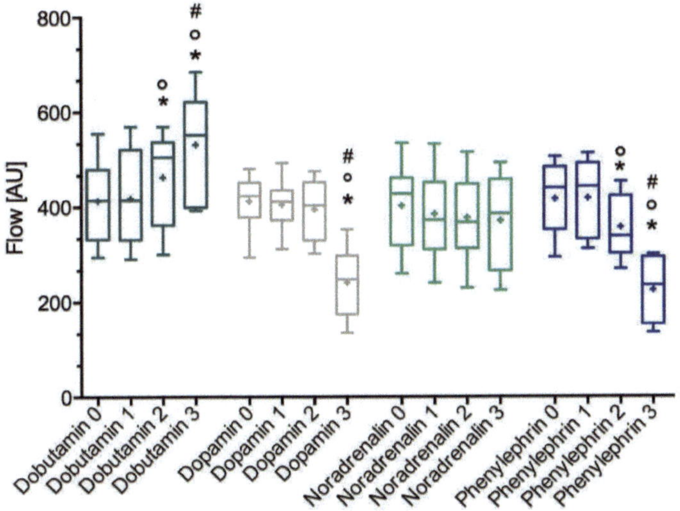

Abb. 12: Darstellung des Blutflusses (Flow) gemessen mit dem O2C am Dickdarm in Abhängigkeit von den vier Katecholaminen in ihren drei steigenden Dosierungen (1-3) und der Baseline (0). Angezeigt als Q-Q Plot mit Median (Linie) und Mittelwert (Kreuz). Ausreißer (Quadrat) stellen alle Werte 1,5 x kleiner/größer des Interquartilsabstandes (Box) dar.

* signifikanter Unterschied zu Dosis 0 (Baseline), ° signifikanter Unterschied zu Dosis 1, # signifikanter Unterschied zu Dosis 2 (p < 0,05).

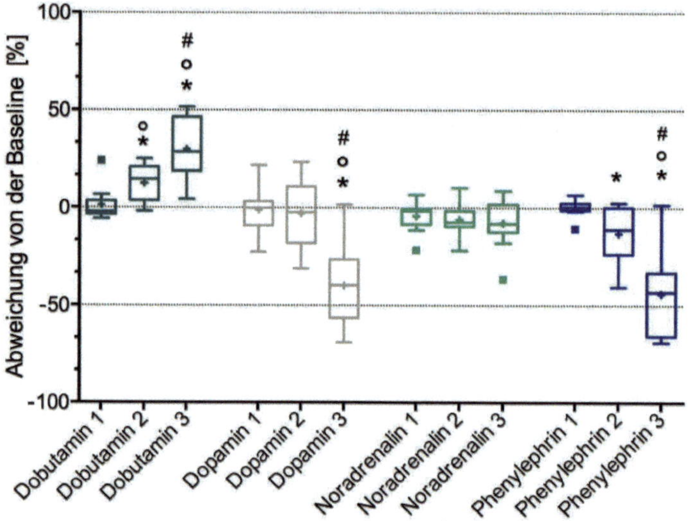

Abb. 13: Darstellung der prozentualen Abweichung des Blutflusses (Flow) von der jeweiligen Baseline Messung (gesetzt als Ausgangswert 0) am Dickdarm, in Abhängigkeit von Medikament und Dosierung (1-3). Die Boxplot Darstellung entspricht Abb. 4.

* signifikanter Unterschied zu Dosis 0 (Baseline), ° signifikanter Unterschied zu Dosis 1,

signifikanter Unterschied zu Dosis 2 (p<0,05).

4.3.3 Magen

Die hohe Dosierung von Dobutamin führte bei den Messungen an der Magenwand zu einer signifikanten Erhöhung des Blutflusses und zwar im Vergleich zu der niedrigen (p = 0,041) und der mittleren Dosis (p = 0,034). Die niedrige und mittlere Dosierung führten hier jeweils zu keinen statistisch signifikanten Veränderungen.

Der Einfluss von Dopamin und Noradrenalin auf den mikrovaskulären Blutfluss am Magen verblieb für alle drei Dosierungen ohne statistisch signifikante Veränderung.

Bei der Flow Messung unter Phenylephrin führten die niedrigen und mittleren Dosierungen zu einer signifikanten Verminderung des Blutflusses im Vergleich zu der Baseline Messung (p =0,042*, p =0,024*). Die hohe Dosierung erwirkte eine signifikante Verminderung des Blutflusses, sowohl im Vergleich zu der Baseline Messung (p =0,001*), als auch zu der mittleren (p = 0,005*) und niedrigen Dosierung von Phenylephrin (p = 0,001*). Die Ergebnisse der Blutflussmessung am Magen sind in Abbildung 14 dargestellt, die Abweichungen der Flow Werte von der Baseline Messung in Prozent sind für die Messungen am Magen der Abbildung 15 zu entnehmen.

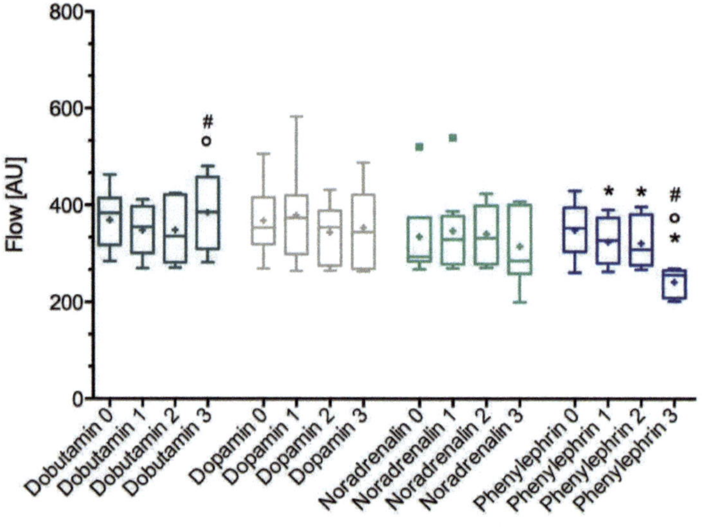

Abb. 14: : Darstellung des Blutflusses (Flow) gemessen mit dem O2C am Magen in Abhängigkeit von den vier Katecholaminen in ihren drei steigenden Dosierungen (1-3) und der Baseline (0). Angezeigt als Q-Q Plot mit Median (Linie) und Mittelwert (Kreuz). Ausreißer (Quadrat) stellen alle Werte 1,5 x kleiner/größer des Interquartilsabstandes (Box) dar.

* signifikanter Unterschied zu Dosis 0 (Baseline), ° signifikanter Unterschied zu Dosis 1, # signifikanter Unterschied zu Dosis 2 ($p < 0{,}05$).

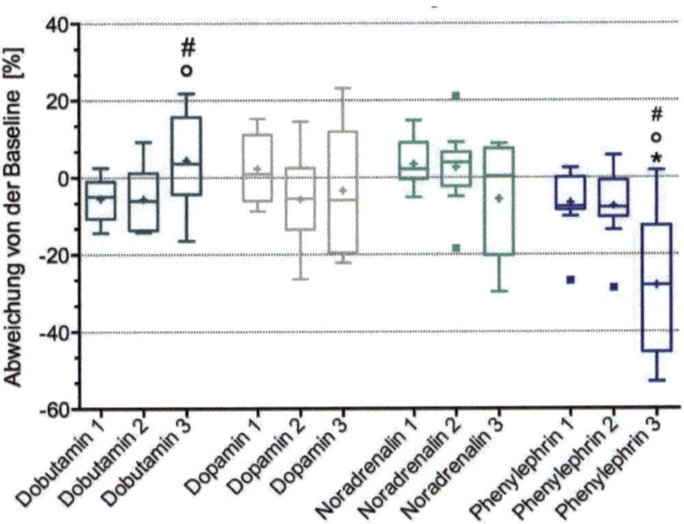

Abb. 15: Darstellung der prozentualen Abweichung des Blutflusses (Flow) von der jeweiligen Baseline Messung (gesetzt als Ausgangswert 0) am Magen, in Abhängigkeit von Medikament und Dosierung (1-3). Die Boxplot Darstellung entspricht Abb. 6.

* signifikanter Unterschied zu Dosis 0 (Baseline), ° signifikanter Unterschied zu Dosis 1, # signifikanter Unterschied zu Dosis 2 (p<0,05).

4.4 Gewebesauerstoffsättigung

4.4.1 Dünndarm

Die Sauerstoffsättigung am Dünndarm wurde durch keine der Dosierungen von Dobutamin oder Noradrenalin signifikant beeinflusst, während Dopamin in seiner hohen Dosierung zu einem signifikanten Abfall der Sättigung geführt hat, sowohl im Vergleich zu der Baseline, als auch zu der niedrigen (jeweils $p < 0{,}0001$) und der mittleren Dosierung ($p = 0{,}0003$).

Die Infusion von Phenylephrin in seiner hohen Dosis führte zu einem signifikanten Abfall der Sauerstoffsättigung am Dünndarm, sowohl in Bezug auf die Baseline ($p = 0{,}0031$) als auch auf die niedrige Dosis ($p = 0{,}003$). Die niedrigen und mittleren

Dosierungen hatten jeweils keinen signifikanten Effekt. Die graphische Darstellung der Ergebnisse findet sich in Abbildung 16.

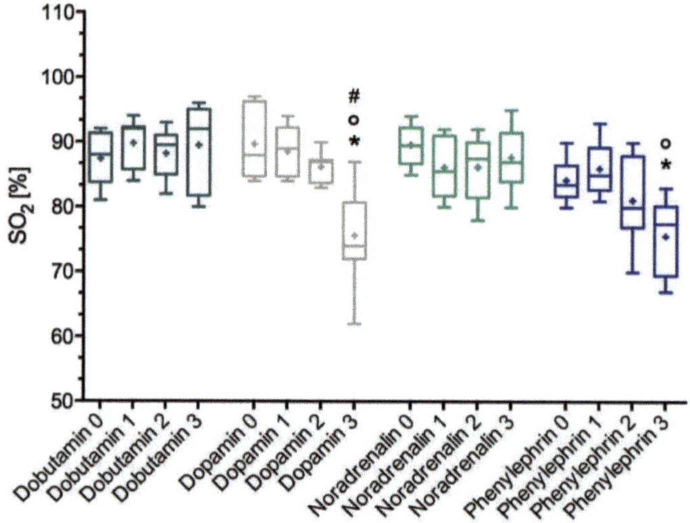

Abb. 16: Darstellung der Gewebesauerstoffsättigung (sO_2) gemessen mit dem O2C am Dünndarm in Abhängigkeit von den vier Katecholaminen in ihren drei steigenden Dosierungen (1-3) und der Baseline (0). Angezeigt als Q-Q Plot mit Median (Linie) und Mittelwert (Kreuz). Ausreißer (Quadrat) stellen alle Werte 1,5 x kleiner/größer des Interquartilsabstandeses (Box) dar.

* signifikanter Unterschied zu Dosis 0 (Baseline), ° signifikanter Unterschied zu Dosis 1, # signifikanter Unterschied zu Dosis 2 ($p < 0{,}05$).

4.4.2 Dickdarm

Auch am Dickdarm führten weder Dobutamin, noch Noradrenalin in den drei verwendeten Dosierungen zu einer statistisch signifikanten Veränderung der Sauerstoffsättigung.

Dopamin bewirkte in seiner hohen Dosis eine signifikante Senkung des sO_2 Wertes am Dickdarm im Vergleich zu der Baseline ($p = 0{,}002$), der niedrigen ($p = 0{,}001$) und mittleren Dosierung ($p < 0{,}0001$).

Phenylephrin führte verglichen mit der Baseline sowohl mit der mittleren ($p = 0{,}0089$), als auch mit der hohen Dosierung ($p < 0{,}0001$) zu einer statistisch signifikanten Senkung der Sauerstoffsättigung. Die Sättigung unter der hohen Dosis war zusätzlich signifikant niedriger im Vergleich zu Dosis 1 und 2 ($p < 0{,}0001$). Die Ergebnisse sind der Abbildung 17 zu entnehmen.

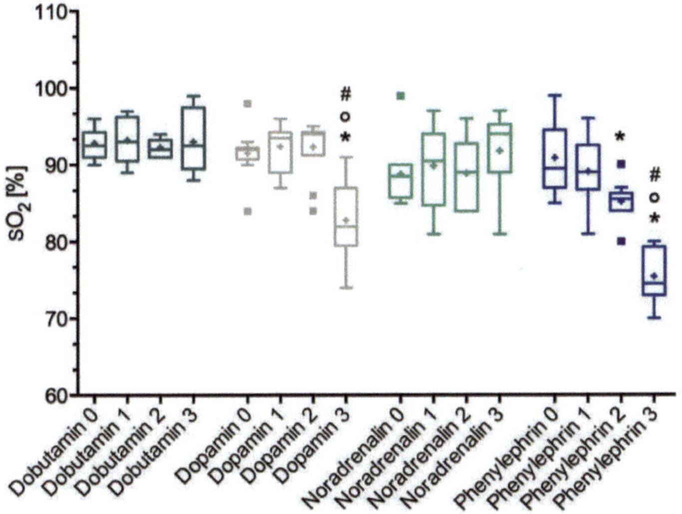

Abb. 17: Darstellung der Gewebesauerstoffsättigung (sO_2) gemessen mit dem O2C am Dickdarm in Abhängigkeit von den vier Katecholaminen in ihren drei steigenden Dosierungen (1-3) und der Baseline (0). Angezeigt als Q-Q Plot mit Median (Linie) und Mittelwert (Kreuz). Ausreißer (Quadrat) stellen alle Werte 1,5 x kleiner/größer des Interquartilsabstandeses (Box) dar.

* signifikanter Unterschied zu Dosis 0 (Baseline), ° signifikanter Unterschied zu Dosis 1, # signifikanter Unterschied zu Dosis 2 ($p < 0{,}05$).

4.4.3 Magen

Bei der Messung der Sauerstoffsättigung am Magen führte die hohe Dosierung von Phenylephrin zu einer signifikanten Senkung des sO_2 Wertes im Vergleich zu der Baseline ($p = 0{,}002$).

Die anderen Dosierungen, sowie die anderen drei Katecholamine erbrachten keine signifikant unterschiedlichen Ergebnisse (s. Abb. 18).

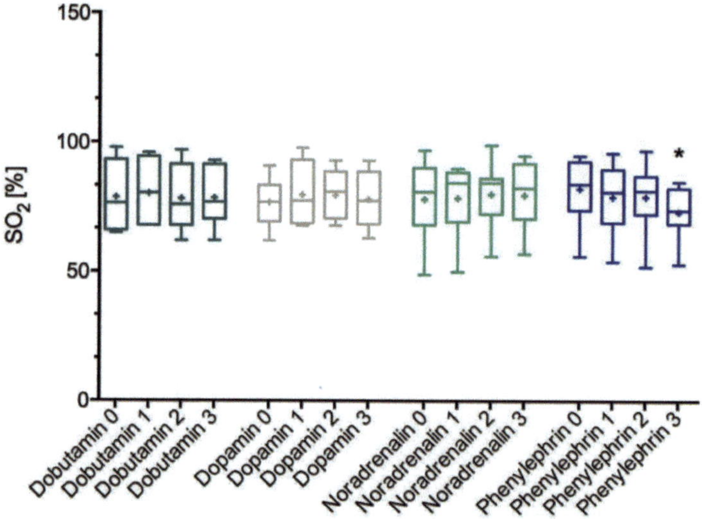

Abb. 18: Darstellung der Gewebesauerstoffsättigung (sO_2) gemessen mit dem O2C am Magen in Abhängigkeit von den vier Katecholaminen in ihren drei steigenden Dosierungen (1-3) und der Baseline (0). Angezeigt als Q-Q Plot mit Median (Linie) und Mittelwert (Kreuz). Ausreißer (Quadrat) stellen alle Werte 1,5 x kleiner/größer des Interquartilsabstandeses (Box) dar.

* signifikanter Unterschied zu Dosis 0 (Baseline), ° signifikanter Unterschied zu Dosis 1, # signifikanter Unterschied zu Dosis 2 ($p < 0,05$).

4.5 Vergleich der Baseline-Messungen

Die Baseline Messungen wurden im ersten Teil der Analyse in Zusammenhang mit den Medikamenten untersucht, also immer die Baseline Messung, die vor Beginn des jeweiligen Medikamentes durchgeführt wurde (Dosis 0).

Diese Baseline Werte sind, aufgrund der randomisierten Reihenfolge der Medikamente, nicht zeitlich - chronologisch sortiert. Daher erfolgte ein zweiter Analyse Schritt, in dem die Baseline Werte chronologisch sortiert, also Medikamenten unabhängig untersucht wurden.

Für die erste Baseline Analyse ergaben sich keine signifikanten Unterschiede.

Die chronologische Sortierung der Baseline Messungen (Messung 1-4) hingegen, die der Analyse des Faktors Zeit bzw. Versuchsdauer als Einfluss auf die Messwerte diente, ergab einen signifikanten Unterschied für die Parameter Herzfrequenz, E_TCO_2 und alveoläre Totraumventilation. Die Herzfrequenz stieg über die Dauer des Versuches an und war bei Baseline Messung 4 signifikant höher im Vergleich zu Baseline 1 ($p = 0,0073$) und 2 ($p = 0,0303$). Der E_TCO_2 ist im Laufe des Versuches abgesunken und lag bei Messung 3 und 4 signifikant unter der Baseline 1 ($p = 0,0403$ und $p = 0,0014$). Die alveoläre Totraumventilation (alvDS) ist ebenfalls über die Zeit des Versuches signifikant angestiegen und lag über der Baseline 1 bei Messung 2 ($p = 0,0498$), Messung 3 ($p = 0,0208$) und 4 ($p = 0,0007$), für die Ergebnisse s. Tabelle 8.

Tab. 8: Chronologisch sortierte Baseline Werte (1-4) der Herzfrequenz (Schläge/min.), des E_TCO_2 (mmHg) und der alvDS (%) als Mittelwert ± SD. * signifikanter Unterschied zu Baseline 1, ° signifikanter Unterschied zu Baseline 2 ($p<0,05$).

Baseline Nr.	Herzfrequenz	E_TCO_2	alvDS
Baseline 1	33,30 ± 3,68	32,60 ± 5,40	28,90 ± 4,65
Baseline 2	34,10 ± 4,95	24,75 ± 6,27	32,10 ± 10,72 *
Baseline 3	36,50 ± 4,35	29,80 ± 4,59*	27,10 ± 4,07 *
Baseline 4	38,10 ± 6,62 *°	31,20 ± 7,21*	35,25 ± 5,16 *

5 Diskussion

Ziel der Studie war es, den Einfluss von Katecholaminen auf die Mikroperfusion und Gewebesauerstoffsättigung des equinen Gastrointestinaltrakts in Abhängigkeit von der globalen Perfusion zu untersuchen. Es wurde vor Beginn der Versuchsreihe die Hypothese aufgestellt, dass die β-mimetischen Katecholamine Dopamin und Dobutamin über ihre positiv chronotrope und peripher vasodilatative Wirkung die periphere Perfusion verbessern, während die überwiegend α-agonistischen Substanzen Noradrenalin und Phenylephrin aufgrund einer peripheren Vasokonstriktion negative Effekte auf die Zirkulation im Magendarmtrakt ausüben.

5.1 Methodik

5.1.1 Messung der mikrovaskulären Perfusion und Oxygenierung

Die Messung der mikrovaskulären Durchblutung mit dem O2C ist in seiner Technik und im Vergleich zu anderen Methodiken in den Kapiteln der Literaturübersicht und der Material und Methodik beschrieben worden. Der Vorteil der Technik für die Ausführung dieser Versuchsreihe ist vor allem die Kombination aus Weißlicht- und Laser-Doppler-Flussmessung. In Zusammensetzung mit der geringen Invasivität und der Echtzeitmessung der Parameter, sowohl für die Sauerstoffsättigung des Gewebes als auch des lokalen Blutflusses, ergibt sich ein Vorteil gegenüber den invasiven Instrumentierungen anderer Studien. Die gemeinsame Messung mehrerer Perfusionsparameter erlaubte hier einen direkten Eindruck in die Durchblutungs- und Versorgungssituation des untersuchten Gewebes in Zusammenhang mit dem Einsatz der vier Versuchsmedikamente. Als Einschränkung dieser Technik ist die mangelnde Möglichkeit die Blutflussparameter als absolute Werte klassifizieren zu können, sprich einer festen Volumeneinheit pro Zeit. Da die Ausgabe der Werte für den Blutfluss nur in arbiträren Einheiten (AU) möglich ist, erlaubt diese Messtechnik im Prinzip nur eine Trendaussage zu treffen, also die Messwerte eines Probanden miteinander über die Zeit zu vergleichen. Dennoch zeigen die hier erfassten Ergebnisse in Bezug auf den Flow zwischen den Probanden und innerhalb der einzelnen Probanden keine statistisch signifikanten Unterschiede in den Baseline Messungen und auch graphisch betrachtet befinden sich die Werte in einem stabilen Gemeinschaftsfeld (s. 4.3.1-3). Eine Tatsache, die also durchaus die Aussage erlaubt, dass auch eine Interpretation der Messwerte in der Einheit [AU] im interindividuellen Vergleich möglich ist, vorausgesetzt die Rahmenbedingungen der Messung sind identisch. Eine Voraussetzung, die den klinischen Einsatz allerdings maßgeblich einschränkt. Das Durchführen solcher Messabläufe mit dem Hintergrund, den klinischen Einsatz zu ermöglichen, bedarf weitere Studien mit größeren Probandengruppierungen. Als weitere Möglichkeit die Messungen besser zwischen den Probanden vergleichbar zu machen, war die Umrechnung der Werte für den Flow in einen prozentualen Abfall oder Anstieg von den Baseline Messungen ausgehend. Dies erlaubte eine bessere Beurteilung der Auswirkung der Medikamente über die gesamte Probandengruppe hinweg.

Eine weitere Limitierung ist die Empfindlichkeit der Messsonde gegenüber Bewegungsartefakten. Gerade durch die Eigenmotilität des Darmes und den intraabdominalen Bewegungen durch die positiven Beatmungsdrücke, hat z.T. zu längeren Messzyklen und wiederholten Messungen geführt, ähnliches wurde auch von REICHERT et al. (2014) berichtet. Dennoch waren alle Messungen in den gegeben Zeitabschnitten des Versuchsprotokolls durchzuführen und lieferten insgesamt homogene Messergebnisse.

Eine weitere potentielle Einschränkung der Messungen ist die Eindringtiefe der Messsonde. Die Distanz zwischen Sender und Empfänger der Messsonde, sowie die Emissionsstärke des Lasers generiert die Eindringtiefe der Sonde und ist hier bei ca. 2,5 mm eingestellt (Herstellerinfo Lea Medizintechnik GmbH). Die Wanddicke des Dünndarms des Pferdes wurde von KLOHNEN et al. (1996) mittels transkutaner Ultraschalluntersuchung als < 3mm ermittelt und deckt sich mit einer ähnlichen Untersuchung von BITHELL et al. (2010) die eine Wanddicke von 0,29 ± 0,05 cm für das Jejunum und 0,37 ± 0,01 cm für das ventrale Colon angibt. In der hiesigen Studie ist also mit einer Erfassung von allen Schichten bis einschließlich der *Tela submucosa* zu rechnen, das Erreichen der *Lamina mucosa* ist am Dünndarm allerdings nicht gesichert und am Dickdarm auszuschließen. In Studien zur Pathophysiologie von

Sepsis und Endotoxämie wird eine Umverteilung des Blutflusses zwischen Mukosa und Muskularis als mögliche Ursache einer lokalen Perfusionsstörung und Unterversorgung der Darmschleimhaut diskutiert (THEUER et al. 1993; REVELLY et al. 1996) . Einen solchen „Shift" konnten HILTEBRAND et al. (2003) an Schweinen in Allgemeinanästhesie nachweisen und auch unter Einfluss von Fenoldopam, einem DA_1-Rezeptor Agonisten, ist eine solche Blutfluss Umverteilung von Serosa zu Mukosa beschrieben worden (GUZMAN et al. 2001). Bei dem Einsatz des O2C stellt sich also die Frage, wie man Veränderungen des Blutflusses interpretiert. Ist eine verstärkte Durchblutung, eine reelle Erhöhung des lokalen Blutflusses, oder lediglich ein Hinweis auf eine Umverteilung von Schleimhaut zur *Submucosa* oder *Muscularis* innerhalb der Darmwand, oder bei einer Flow-Senkung andersherum. Bei der Durchsicht der Ergebnisse könnte argumentiert werden, dass eine Erhöhung der Blutflussparameter, die z.T. höchst signifikant waren, eine reine Umverteilung des Blutflusses unwahrscheinlich macht. Eine sichere Antwort würde hier nur die parallele Messung der Mukosa durch intraluminale Messungen bringen und zumindest am Dünndarm ist eine Miteinbeziehung der Mukosa auch nicht gänzlich auszuschließen.

5.1.2 Versuchsprotokoll

Das Versuchsprotokoll zeigte eine gute Umsetzbarkeit und sowohl die 90 minütige Äquilibrierungszeit als auch die Auswaschzeiten von je 45 min. zwischen den verschiedenen Medikamenten haben für stabile Baseline Werte gesorgt. Lediglich vereinzelte, wahrscheinlich durch die Anästhesiezeit beeinflusste Unterschiede zwischen den Baseline Werten waren zu verzeichnen, welche in nachfolgenden Kapiteln näher diskutiert werden.

5.2 Diskussion der Ergebnisse

5.2.1 Dobutamin

5.2.1.1 Einfluss auf die globalen Kreislaufparameter

Dobutamin führte in dieser Studie zu einem dosisabhängigen Anstieg des arteriellen, pulmonalarteriellen und zentralvenösen Blutdruckes und erhöhte Herzminutenvolumen, Schlagvolumen und die Herzfrequenz. Damit decken sich die Ergebnisse mit den Messungen vorheriger Studien, in denen auch ähnliche Dosisbereiche angewandt wurden (SWANSON et al. 1985; LEE et al. 1998; RAISIS et al. 2000a; GEHLEN et al. 2006; VALVERDE et al. 2006; CRAIG et al. 2007; DE VRIES et al. 2009; OHTA et al. 2013). In Bezug auf den peripheren Gefäßwiderstand ergeben sich unterschiedliche Berichte. Während in der vorliegenden Studie mit dem Anstieg der Dosis zwar ein Trend zu einem sinkenden Gefäßwiderstand zu verzeichnen war, sahen LEE et al. (1998) schon bei einer Dosis von 2,5 µg/kg KGW/min bei Ponys einen deutlichen Abfall des Gefäßwiderstandes, VALVERDE et al. (2006) sahen diesen Effekt allerdings erst bei 8 µg/kg KGW/min bei neonatalen Fohlen. Als Ursache für den wenig ausgeprägten Einfluss auf den systemischen Gefäßwiderstand in der aktuellen Studie könnte eine schwächere Aktivierung peripherer β_2-Rezeptoren in Dosierungen bis 3 µg/kg KGW/min bei adulten Großpferden vermutet werden. Es müssten also höhere Dosisbereiche zur Anwendung kommen, wenn man einen ausgeprägteren Effekt auf den peripheren Gefäßwiderstand erreichen möchte. Da aber in der höchsten Dosis in dieser Versuchsreihe sowohl arterieller Blutdruck, Herzauswurf und Herzfrequenz angestiegen sind, ist auch eine potentielle Risikoerhöhung einhergehend mit einer Dosissteigerung denkbar durch eine potentielle Stressbelastung des Myokards. Der Einfluss von Dobutamin auf die Herzfrequenz ist in der Literatur wechselhaft beschrieben worden. In allen drei Dosierungen kam es hier zu einem Anstieg der Herzfrequenz im Vergleich zu der Baseline (signifikant für Dosis 2 und 3), z.T. mit tachykarden Episoden von bis zu 68 Schlägen pro Minute. Ähnliches sahen DE VRIES et al. (2009) und GEHLEN et al. (2006) an Studien am Pferd in Allgemeinanästhesie, während andere Autoren sogar von Bradykardien berichten

(SWANSON et al. 1985) oder keine signifikanten Unterschiede bei ähnlichen Dosierungen zu verzeichnen hatten (HELLYER et al. 1998; OHTA et al. 2013).
Als mögliche Ursache für die abweichenden Ergebnisse der Studien im Vergleich, könnte ein unterschiedlicher intravaskulärer Volumenstatus der Probenden diskutiert werden. Eine Tachykardie als Folge eines hypovolämischen Kreislaufzustandes ist ein häufig gesehenes klinisches Phänomen. Ein unterschiedlicher Volumenstatus der verschiedenen Probanden könnte also einen potentiellen Einfluss auf den Effekt von Dobutamin haben. In dieser Studie gab es jedoch keinerlei klinische Anzeichen einer Hypovolämie oder Dehydratation innerhlab der Probanden, dennoch können eventuell klinisch nicht greifbare Unterschiede im Volumenstatus und deren potentieller Einfluss auf die hiesigen Eregebnisse, nicht sicher ausgeschlossen werden.
Die klinische Relevanz einer Tachykardie als potentielle Nebenwirkung einer Infusion von Dobutamin ist anhand der gegebenen Ergebnisse ebenfalls nicht sicher zu erschließen. Eine lokale Ischämie des Myokards durch einen erhöhten Gewebemetabolismus, ist dennoch als potentielles Risiko in der Anwendung zu beachten und sollte besonders bei Patienten mit kardialen Pathologien überdacht werden.
Ein weiterer Aspekt, der die positiv inotrope und peripher vasodilatative Wirkung von Dobutamin unterstreichen könnte, ist die Verminderung der alveolären Totraumventilation. Auch wenn diese nicht statistisch signifikant verlief, war dennoch ein sinkender Trend zu verzeichnen. Der alveoläre Totraum stellt den Anteil der Alveolen dar, die trotz Ventilation nicht am Gasaustausch teilnehmen. Als Ursachen einer vergrößerten Totraumventilation können unter anderem pathologische Veränderung alveolärer Membranen, ein erhöhter Atemwegswiderstand oder eine Minderperfusion des alveolären Areals, z.B. durch einen gesenkten pulmonalarteriellen Druck und Herzauswurf genannt werden (KERR 2006). Eine Verringerung des alveolären Totraums könnte also mit einer verbesserten Perfusion der Lunge durch Beeinflussung von Herzauswurf und Gefäßtonus erreicht werden. Durch das Dobutamin kam es hier neben der Erhöhung des arteriellen Blutdruckes auch zum Anstieg des Herzminutenvolumens und zu einer Erhöhung des pulmonalarteriellen Druckes, bei stabiler Atemfrequenz und Normokapnie. In

Zusammenhang mit dem gesteigerten Herzauswurf unter der Dobutamin Infusion könnte die Veränderung der Totraumventilation also als Zeichen einer verbesserten Lungenperfusion betrachtet werden.. In vorherigen Studien konnte lediglich von SANDERS et al. (1991) ein gesteigerter Blutfluss im bronchialen Gefäßbett in Zusammenhang mit Dobutamin bei Pferden nachgewiesen werden, während SWANSON u. MUIR (1986) trotz Erhöhung des Herzauswurfes durch Dobutamin, keine Verbesserung des pulmonalen Gasaustausches in Allgemeinästhesie nachweisen konnten. Die klinische Relevanz in Bezug auf die Perfusion der Lunge ist also auch mit den gegebenen Daten nicht abschließend zu klären.

5.2.1.2 Einfluss auf die mikrovaskuläre Perfusion und Oxygenierung

Dobutamin führte zu einer dosisabhängigen Erhöhung desBlutflusses, sowohl am Dünndarm, Dickdarm und am Magen. Mit einem Anstieg um 47,6 ± 26,3% hatte die hohe Dosis am Dünndarm den deutlichsten Effekt. Die Gewebesauerstoffsättigung verblieb konstant, lediglich die Dosis von 0,5 µg/kg KGW/min führte am Dünndarm zu einem Anstieg über die Ausgangswerte Die hier beobachteten Anstiege des Blutflusses könnten sowohl über eine β_1-vermittelte Erhöhung der kardialen Schlagkraft und des Schlagvolumens erklärt werden, sowie einer β_2-vermittelten Vasodilatation im lokalen Gefäßbett des Mesenterialgebietes. Betrachtet man den systemischen Gefäßwiderstand, führte Dobutamin hier zu keiner statistisch signifikanten Veränderung, folgt aber durchaus einem sinkenden Trend der für eine Vasodilatation sprechen würde. Der errechnete systemische Gefäßwiderstand repräsentiert allerdings den Gefäßtonus des gesamten Körperkreislaufes, und kann nur eingeschränkt auf ein spezifisches Gefäßbett projiziert werden.

Der direkte Einfluss von Dobutamin auf den mikrovaskulären Blutfluss und die Gewebesauerstoffsättigung des Gastrointestinaltraktes ist bisher beim adulten Pferd nicht spezifisch beschrieben worden und auch bei anderen Spezies nur in wenigen Studien untersucht. Lediglich VALVERDE et al. (2006) untersuchten an hypotensiven neonatalen Fohlen den Einfluss von Dobutamin auf die Perfusion der Magenschleimhaut, gemessen mittels pCO_2-Tonometrie. Sie sahen unter Einfluss von 4 und 8 µg/kg KGW/min keinen signifikant positiven oder negativen Einfluss auf die

Messparameter und folgerten so einen stabilisierenden Effekt von Dobutamin auf die Perfusion des Gastrointestinaltraktes im Zustand der Hypotension. Die Vergleichbarkeit , sowohl der Studien untereinander als auch im Vergleich mit der aktuellen stößt auf die Problematik der unterschiedlichen Methodik. Sowohl die Anwendung unterschiedlicher Messtechniken und -lokalisationen, als auch die Simulierung verschiedener Krankheitsbilder wie einer Endotoxämie, Sepsis oder verschiedenen Schockzuständen, erschwert die Vergleichbarkeit. THOREN et al. (2000) haben an menschlichen Patienten einen Anstieg des Blutflusses der Schleimhaut des *Jejunums* mittels Laser Doppler Flussmessungen unter Einfluss von Dobutamin feststellen können. In einer tierexperimentellen Sepsis Studie an Schweinen hingegen, führten weder 5 noch 10 µg/kg KGW/min Dobutamin zu einer signifikanten Veränderung der Durchblutung der Mukosa von *Jejunum*, Magen und *Colon* und auch nicht der *Muscularis* des *Jejunums*, obwohl der Herzauswurfindex um bis zu 48% gesteigert wurde (HILTEBRAND et al. 2004). Diese Ergebnisse stehen also zunächst in einem widersprüchlichen Verhältnis zu den hier gewonnen. Die Tatsache aber, dass es sich in der oben genannten Studie um ein Sepsis-Modell handelte und nicht um gesunde Probanden wie in der aktuellen Studie, lässt aufgrund des starken Einflusses zirkulierender Endotoxine auf das Kardiovaskuläre System, nur einen bedingten Vergleich zu. SECCHI et al. (1997) konnten wiederrum in einem Ratten Endotoxämie-Modell eine induzierte Minderperfusion intestinaler Mikrovilli durch eine Infusion von Dobutamin (2,5 µg/kg KGW/min) verhindern. Da gerade Pferde mit einer gastrointestinalen Passagestörungen, wie einem strangulierenden Dünndarmileus, endotoxämische Phasen durchlaufen können (MORRIS 1991; SENIOR et al. 2011), ist die Rolle von Dobutamin in diesem Zusammenhang sehr interessant, vor allem im Hinblick auf den Anstieg der Mikroperfusion in der hiesigen Studie, bedarf jedoch weiterer Untersuchungen.

5.2.2 Dopamin

5.2.2.1 Einfluss auf die globalen Kreislaufparameter

Für das Pferd sind für Dosierungen von bis zu 5 µg/kg KGW/min beschrieben, mit dem Effekt eines dosisabhängigen Anstieges von Herzauswurf, Schlagvolumen und zum Teil der Herzfrequenz, während systemischer Gefäßwiderstand und teilweise auch der arterielle Blutdruck als abfallende Parameter beschrieben worden sind (SWANSON et al. 1985; TRIM et al. 1985; GASTHUYS et al. 1991; ROBERTSON et al. 1996; LEE et al. 1998; LESLEY E. YOUNG et al. 1998). Dies deckt sich mit den Ergebnissen der vorliegenden Studie. Sowohl die hohe als auch die mittlere Dosierung, führten in dieser Studie zu einem statistisch signifikanten Anstieg von Herzauswurf und Schlagvolumen, während der zentralvenöse und mittlere pulmonalarterielle Druck stabil blieben. Der diastolische und mittlere arterielle Blutdruck sind signifikant gesunken und ebenfalls der systemische Gefäßwiderstand wurde signifikant reduziert. Die Senkung des mittleren arteriellen Blutdruckes, der auch schon in der niedrigen Dosierung zu sehen war, steht zunächst im Kontrast zu dem Anstieg von Herzauswurf und Schlagvolumen. Betrachtet man aber den signifikanten Abfall des systemischen Gefäßwiderstandes, sowohl in der mittleren als auch der hohen Dosierung, könnte man sich diesen Verlauf über die periphere Weitstellung des Gefäßsystems erklären. Die Tatsache aber, dass trotz Senkung des Gefäßwiderstandes und erhöhtem Herzauswurf die Durchblutung im Gastrointestinaltrakt negativ beeinflusst wird, scheint etwas kontrovers. Wie im vorherigen Kapitel bereits diskutiert, könnte es als Hinweis auf das vielfältige Rezeptor-Wirkprofil des Dopamins, vor allem im Vergleich zu den anderen Katecholaminen, gedeutet werden. Es könnte aber auch postuliert werden, dass die positiv inotrope und chronotrope Wirkung, die hier gesehen werden konnte, nicht ausgeprägt genug war, um den peripheren Blutfluss aufrecht zu erhalten. Unter der hohen Dosis von Dopamin kam es zu einem Anstieg des Herzauswurfes von ca. 36%, während Dobutamin diesen um fast 75% gesteigert hatte. Wenn also der Druck im lokalen Gefäßbett unter die Autoregulationsgrenze fällt, können die Gefäße nicht mehr offen gehalten werden und der Blutfluss geht durch den Verlust des Perfusionsdruckes deutlich zurück (CASSUTO et al. 1979; LUNDGREN 1989). Um einen ausgeprägteren inotropen Effekt zu erzielen, hätte man eventuell höhere Dosen von Dopamin einsetzen können.

Für Hunde ist bei Dosierungen von 7-10 µg/kg KGW/min ein deutlicherer Anstieg von Herzauswurf und Schlagvolumen beschrieben (CHEN et al. 2007; ROSATI et al. 2007), obwohl im höheren Dosissegment der peripher vasodilatative in einen eher vasopressorischen Effekt umschlägt und über Erhöhung des peripheren Widerstandes den arteriellen Blutdruck steigen lässt (DYSON u. SINCLAIR 2006). Ein Effekt den wir auch in der höchsten Dosierung nicht feststellen konnten, eine höhere Dosis von > 5 µg/kg KGW/min scheint also beim Pferd nötig zu sein um diesen Effekt sehen zu können. Für Dosierungen von 10 µg/kg KGW/min wurde für das Pferd allerdings auch das Auftreten von fatalen Arrhythmien beschrieben (TRIM et al. 1985; ROBERTSON et al. 1996). Eine Dosiserhöhung wäre also für zukünftige Untersuchungen am Pferd sinnvoll, vor allem um zu sehen in wie fern ein potentiell einsetzender vasopressorischer Effekt einem eventuellen Verlust des lokalen Gewebeperfusionsdruckes durch Dosierungen < 5 µg/kg KGW/min entgegen wirken könnte.

5.2.2.2 Einfluss auf die mikrovaskuläre Perfusion und Oxygenierung

In der hohen Dosierung von Dopamin (5 µg/kg KGW/min) wurden am Dickdarm und am Dünndarm der Blutfluss signifikant erniedrigt. Am Dünndarm um -35,7 ± 17,0% und am Dickdarm sogar um -39,8 ± 21,7% von der Baseline ausgehend. Auch die Gewebesauerstoffsättigung wurde durch Dopamin negativ beeinflusst, am deutlichsten am Dünndarm, wo als Baseline eine Sättigung von 89,9 ± 5,7% gemessen wurde, die unter Dopamin in hoher Dosis auf 75,7 ± 7,3% abfiel. Dopamin wird als Katecholamin mit einem komplexen Rezeptor Profil mit Auswirkungen auf α-, β- und dopaminerge (DA) Rezeptoren beschrieben (LAWSON 1994; MURRELL 2015). Der Einfluss von Dopamin auf die mesenteriale Blutversorgung beim Pferd ist bisher nicht direkt untersucht worden. In anderen Spezies wurden eher gegensätzliche Ergebnisse in Bezug auf den Einfluss auf die Mikroperfusion publiziert. So beschreiben ROBIE u. GOLDBERG (1975) einen gesteigerten Blutfluss in den Mesenterialgefäßen unter Einfluss von Dopamin bei Hunden im direkten Vergleich zu Dobutamin und auch GERMANN et al. (1985) fanden unter Dopamin die Oxygenierung von Jejunum-Anteilen bei Schweinen signifikant verbessert. In einer Studie an humanen Patienten hingegen sahen NEVIÈRE et al. (1996) einen Abfall des Blutflusses der Magenschleimhaut unter einer Infusion von 5 µg/kg KGW/min Dopamin, im Gegensatz zu Dobutamin. HILTEBRAND et al. (2004) wiesen unter Einfluss von Dopamin (5 und 10 µg/kg KGW/min) einen deutlicheren Anstieg des Blutflusses der *A. mesenterialis* bei septischen Schweinen in Allgemeinanästhesie nach, der mikrovaskuläre Blutfluss von *Jejunum, Colon* und Magen hingegen blieb unverändert. Dies verdeutlicht auch, dass nicht ohne Weiteres von Parametern der Makrozirkulation auf den Zustand der Mikrozirkulation geschlossen werden darf. Eine Annahme, die sich auch mit den Ergebnissen dieser Studie deckt. Die Ursache für die gegensätzlichen Ergebnisse könnte in dem komplexen Rezeptor Profil von Dopamin liegen. Dopamin wirkt an α- und β-Adrenozeptoren, sowie an eigenen DA-Rezeptoren und hat so die potentielle Möglichkeit, sowohl eine Dilatation als auch Konstriktion der glatten Gefäßmuskulatur eines bestimmten Gefäßbettes auszulösen (ZENG et al. 2007). Wodurch genau die hier festgestellte Verminderung des mikrovaskulären Blutflusses bei gleichzeitiger Steigerung des Herzminutenvolumens und sinkendem systemischen Gefäßwiderstand mit einhergehender Senkung des mittleren arteriellen Blutdruckes kommt, lässt sich nur vermuten. Eine mögliche Erklärung könnte eine Vasokonstriktion durch Aktivierung von vaskulären α-Rezeptoren im Magendarmtrakt sein, die mit einer Minderperfusion einhergehen könnte. So konnte z.B. an Hunden in Allgemeinanästhesie, eine Dopamin induzierte Vasokonstriktion mesenterialer Arterien nachgewiesen werden, welche durch eine direkte Aktivität von Dopamin an postsynaptischen α_2-Rezeptoren erklärt werden konnte (SHEPPERSON et al. 1982). Auch stellten SCHWARTE et al. (2004) fest, dass der Einsatz von Dopamin alleine eine zuvor induzierte Verringerung der Magenschleimhaut-Oxygenierung nicht wiederherstellen konnte. Eine spezifische α_1-Rezeptor-Blockade in Zusammenhang mit dem Einsatz von Dopamin hingegen brachte eine signifikante Verbesserung der Sauerstoffversorgung im Gewebe. Auch zum Einsatz in der beschrieben Studie von SCHWARTE et al. (2004) kam Fenoldopam, ein selektiver DA_1-Rezeptor Agonist, welcher ähnlich dem Dopamin, alleine keine signifikante Verbesserung der Oxygenierung erbrachte. Es ist also möglich, dass der perfusionsvermindernde Effekt von Dopamin über seine Aktivität an α-Rezeptoren vermittelt wird, der vasodilatative

Effekt hingegen über DA-Rezeptoren, der unter Umständen in der Studie zu der verbesserten Oxygenierung geführt haben könnte.
Eine weitere Ursache für den gesehenen Abfall der Perfusionsparameter, könnte auch eine theoretische Umverteilung des Blutflusses von der *Serosa/Muscularis*, hin zur Darmschleimhaut sein. An anästhesierten Hunden konnte unter Einfluss von Fenoldopam ein Abfall des Blutflusses der Serosa des *Ileums* gemessen werden, während der Blutfluss der Mukosa unverändert blieb (GUZMAN et al. 2001). Nach Auslösung einer Ischämie durch Blutentzug im Messgebiet, führte Fenoldopam hier zu einer Wiederherstellung der Baseline Werte der Mukosa, während der Blutfluss an der Serosa weiter abfiel. Anhand des deutlichen Abfalls des Blutflusses und der Sauerstoffsättigung, scheint aber eine reine Umverteilung des lokalen Blutflusses unwahrscheinlich, kann aber aufgrund der fehlenden Messung der Mukosa nicht ausgeschlossen werden (s. auch 5.1.1). Im Umkehrschluss könnte man auch argumentieren, dass dann der deutliche Anstieg des Blutflusses und der Gewebeoxygenierung unter Einfluss von Dobutamin, einer hochgradigen Umverteilung des Blutvolumens in Richtung *Muscularis und Serosa* entsprechen müsste. Vermutet man eine derartige Minderperfusion der Mukosa sowohl am Magen, Dickdarm und Dünndarm über einen Zeitraum von 45 Minuten, erscheint es unwahrscheinlich, dass dies ohne klinische Anzeichen einer Schädigung der Blut-Schleimhaut-Schranke vor sich gehen würde, kann aber im Rahmen dieses Versuchsaufbaus nicht sicher ausgeschlossen werden und bedarf weiterer Untersuchungen zur Klärung.

5.2.3 Noradrenalin

5.2.3.1 Einfluss auf die globalen Kreislaufparameter

Noradrenalin führte in der mittleren und hohen Dosierung zu einem signifikanten Anstieg des mittleren arteriellen Blutdruckes, erhöhte in der hohen Dosierung das Schlagvolumen und senkte die Herzfrequenz, während das Produkt aus beiden, das Herzminutenvolumen stabil blieb. Der periphere oder systemische Gefäßwiderstand wurde durch Noradrenalin dosisabhängig gesteigert, hier wiesen die mittlere und hohe

Dosis signifikante Anstiege um ca. 30% in der höchsten Dosis auf. Die systemische Vasokonstriktion führt hierbei zu einer Erhöhung des arteriellen und pulmonalarteriellen Blutdruckes, eine Reaktion, die als typisch für α adrenergen Substanzen beschrieben wurde (ADAMS 2009; SCHAUVLIEGE u. GASTHUYS 2013) aber speziell für Noradrenalin beim Pferd bisher nur aus Studien an Fohlen bekannt ist (HOLLIS et al. 2006; CRAIG et al. 2007; HOLLIS et al. 2008; DICKEY et al. 2010). Betrachtet man die Ergebnisse der Messung der Herzfrequenz, war unter der Infusion von Noradrenalin ein negativer Trend zu verzeichnen, der in der hohen Dosierung zu einem signifikanten Abfall der Herzfrequenz in Bezug auf die Baseline, die niedrige und die mittlere Dosis führte. Diese Ergebnisse müssen als reflektorische Bradykardie durch die Reaktion auf den Anstieg des systemischen Gefäßwiderstandes interpretiert werden. Die Erhöhung der Nachlast des Herzens und die damit einhergehende Druckerhöhung, wird an den Barorezeptoren des Aortenbogens registriert und so über eine vagale Reflexkette eine Schlagfrequenzverminderung vermittelt. Betrachtet man hingegen das Schlagvolumen, ergab sich unter Einfluss der hohen Dosis ein signifikanter Anstieg in Bezug auf die Baseline und die Dosierungen 1 und 2. Wenn also die Herzfrequenz sinkt, während das Schlagvolumen steigt oder gleich bleibt, könnte aus dem Produkt beider Werte ein stabiler oder steigender Herzauswurf resultieren (VINCENT 2008).

Während die systemische Vasokonstriktion bedingt durch Aktivität an vaskulären α-Rezeptoren für den steigenden systemischen Gefäßwiderstand verantwortlich gemacht werden kann, spricht der positive Einfluss auf das Schlagvolumen für eine Erhöhung der kardialen Kontraktionskraft, z.B. über eine Aktivierung von β_1-Rezeptoren. Noradrenalin scheint also auch beim Pferd eine gemischte Adrenozeptoren Aktivität aufzuweisen, bei der mit steigender Dosis eine zunehmende Aktivität an β_1 zu vermuten ist.

In wie fern Noradrenalin beim Pferd die Herzfrequenz und das Schlagvolumen beziehungsweise den Herzauswurf beeinflusst, ist in der Literatur wenig beschrieben. HOLLIS et al. (2006; 2008) sahen bei normotensiven Fohlen in Allgemeinanästhesie einen signifikanten Abfall von Herzfrequenz und Herzauswurf-Index unter der Infusion von Noradrenalin (0,1 und 0,3 µg/kg KGW/min). Auch CRAIG et al. (2007) stellten in einem ähnlichen Versuch an 1 bis 2 Wochen alten Fohlen einen signifikanten Abfall von Herzfrequenz und Herzauswurf-Index fest. Hier stieg zwar auch das Schlagvolumen an, allerdings nicht in signifikant hohem Ausmaß. Bei in vitro Versuchen hingegen, konnte ein positiver Einfluss von Noradrenalin auf die Kontraktionskraft isolierter Myokardproben nachgewiesen werden (GARB 1950) und auch eine direkte Wirkung an kardialen β-Rezeptoren am menschlichen Herzmuskel (KAUMANN et al. 1989). Eine mögliche Erklärung für die ausbleibende negative Wirkung auf den Herzauswurf bei dem Vergleich der hiesigen Studie mit den Versuchen an Fohlen könnte die weniger ausgeprägte Senkung der Herzfrequenz sein. Im Vergleich der Ergebnisse zeigten die Fohlen zusätzlich einen deutlicheren Anstieg des systemischen Gefäßwiderstandes, was wiederrum zu einer deutlicher ausgeprägten reflektorischen Bradykardie führen könnte, mit dem Resultat eines niedrigeren Herzminutenvolumens. Im Vergleich zu adulten Pferden sind Fohlen verstärkt auf die Aufrechterhaltung der Herzfrequenz für den Erhalt eines adäquaten Herzauswurfes angewiesen und könnten daher empfindlicher gegenüber Noradrenalin reagieren als adulte Pferde.

Ein weiterer Parameter, der für die vasokonstriktive Wirkung von Noradrenalin spricht, ist der alveoläre Totraum. Er nahm unter dem Einfluss von Noradrenalin tendenziell zu, war aber nur in der Dosis 1 statistisch signifikant größer als der Baseline Wert. Mögliche Ursachen für eine Veränderung des alveolären Totraumes sind in Kapitel 5.2.1.1 bereits erwähnt worden. Da es zu keiner signifikanten Beeinträchtigung des Herzauswurfes kam, während der mittlere Druck in der *A. pulmonalis* (für Dosis 3 signifikant), mit dem systemischen Gefäßwiderstand anstieg könnte eine Erhöhung des Gefäßwiderstandes in der Lunge bedingt durch eine lokale α-vermittelte Vasokonstriktion, als möglich Ursache für eine Minderperfusion ventilierter Alveolen angesehen werden. Daher sollte eine mögliche Perfusionsbeeinträchtigung durch den Einsatz eines α-mimetischen Katecholamins, vor allem bei Tieren mit einer zugrunde liegenden Lungenpathologie, vor der Anwendung bedacht werden.

5.2.3.2 Einfluss auf die mikrovaskuläre Perfusion und Oxygenierung

Der Einfluss von Noradrenalin auf die Messparameter am Gastrointestinaltrakt war hier für keine der angewandten Dosierungen statistisch signifikant. Am Dünndarm war zwar ein geringgradig positiver Trend zu verzeichnen, am Dickdarm allerdings ein geringgradig negativer. Aufgrund der Wirkung von Noradrenalin an α-Rezeptoren in der Peripherie und damit einhergehende Erhöhung des Gefäßwiderstandes entstand die ursprüngliche These, die Konstriktion peripherer Gefäßstrukturen könnte zu einer Minderversorgung des jeweiligen Versorgungsgebietes führen. So beschreibt auch der Hersteller des hier verwendeten Produktes (Arterenol® 1 mg/ml, Sanofi-Aventis Deutschland GmbH), dass bei der Anwendung Vorsicht geboten sei, durch die Vasokonstriktion ist mit Organschäden durch lokale Ischämien zu rechnen, diese Vorsicht sei v.a. bei einem erniedrigten Plasmavolumen geboten, wie es z.B. bei einem klassischen „Schockpatienten" der Fall sein kann. Die Befürchtung der lokalen Gewebeunterversorgung bedingt durch die vasokonstriktorische Wirkung von Noradrenalin ist mit den Ergebnissen dieser Studie am Pferd, zumindest für den gastrointestinalen Bereich und einer Dosierung bis 0,5 µg/kg KGW/min nicht nachzuvollziehen. Weder Blutfluss noch Gewebesauerstoffsättigung wurden hier signifikant nachteilig beeinflusst, während die zentralen Kreislaufparameter deutliche Veränderungen gezeigt haben, allen voran der arterielle Blutdruck und der periphere Gefäßwiderstand. Auch diese Tatsache unterstreicht, dass eine simple Einschätzung der Versorgungsqualität peripherer Gewebe anhand zentraler Kreislaufparameter wie dem arteriellen Blutdruck nicht durchzuführen ist. Die Perfusion des Gastrointestinaltraktes scheint sehr individuellen Regulierungsmechanismen zu unterliegen, die bisher noch nicht ausreichend verstanden und erforscht worden sind. Die Erhöhung des systemischen Gefäßwiderstandes durch die Infusion von Noradrenalin ist ein sicheres Anzeichen für eine periphere Vasokonstriktion (s. auch 5.2.3.2), hier ist also eine hohe Aktivität an peripheren vaskulären α-Rezeptoren zu vermuten. Die wenig beeinflusste mikrovaskuläre Durchblutung des Gastrointestinaltraktes hingegen wirft aber die Frage auf, welchen Effekt hier eine Aktivierung von α-Rezeptoren mit sich bringt, beziehungsweise in wie fern die zusätzliche Aktivierung von β-Rezeptoren und damit einhergehende Stabilisierung zentraler Kreislaufparameter wie dem Herzminutenvolumen, eine potentiell α-vermittelte Minderperfusion in peripheren Gefäßbetten aufhebt. Eine weitere Erklärung der stabilen Perfusionswerte könnte auch eine Art Gleichgewicht aus vasokonstriktorischen und -relaxierenden Effekten sein. In einer Studie von OBI et al. (1994) an isolierten equinen Arterien der distalen Gliedmaße, konnte eine konzentrationsabhängige Konstriktion der Gefäße unter Noradrenalin nachgewiesen werden. Eine spezifische α-Rezeptorblockade hob diesen Effekt auf und führte zu einer Relaxation, die dann wiederrum durch eine β_1-Rezeptor Antagonisierung aufgehoben werden konnte. Noradrenalin zeigte also sowohl Gefäßverengende als auch -erweiternde Eigenschaften, ähnliches konnten FUJIMOTO u. ITOH (1996) in einem Tierversuchsmodell mit Ratten nachweisen. Dennoch ist anhand des steigenden peripheren Gefäßwiderstandes eine prädominierende systemische Vasokonstriktion zu vermuten, in welchem Verhältnis also Konstriktion und Dilatation, sprich α- versus β-Rezeptor Wirkung zu einander stehen, scheint vom untersuchten Gefäßbett abhängig zu sein. Die Ergebnisse dieser Studie erlauben also die Aussage, dass der Einsatz von Noradrenalin beim gesunden Pferd bezogen auf die Perfusion des Gastrointestinaltraktes in den hier verwendeten Dosierungen als verhältnismäßig sicher zu betrachten ist, in wie fern aber andere Versorgungsgebiete, wie beispielsweise die Skelettmuskulatur und Haut von einer verstärkten Vasokonstriktion betroffen sind und v.a. welche klinischen Folgen das mit sich bringen könnte, ist hier nicht zu klären und bedarf weitere Studien in diesem Gebiet. Dennoch gilt Noradrenalin zur Folge der sog. „Surviving Sepsis Campaign", aufgrund seines Effektes der Steigerung des regionalen Gewebsperfusionsdruckes, als Katecholamin der Wahl für die Therapie von humanen Sepsis Patienten (DELLINGER et al. 2013).

5.2.4 Phenylephrin

5.2.4.1 Einfluss auf die globalen Kreislaufparameter

Phenylephrin führte zu einem dosisabhängigen Anstieg des arteriellen, pulmonalarteriellen und zentralvenösen Blutdruckes, sowie des systemischen Gefäßwiderstandes. Herzfrequenz und Herzauswurf wurden dabei ebenfalls dosisabhängig negativ beeinflusst. Der Anstieg des arteriellen Blutdruckes kann auch beim Phenylephrin, ähnlich wie beim Noradrenalin, über die Erhöhung des systemischen Gefäßwiderstandes erklärt werden. Die deutliche Vasokonstriktion, vermittelt über die ausgeprägte Aktivität von Phenylephrin an vaskulären α_1-Rezeptoren, führt zu einer Druckerhöhung im Gefäßsystem und zu einer Erhöhung der Nachlast des Herzens. Diese wiederrum kann zu einer Vagus vermittelten reflektorischen Bradykardie und einer damit einhergehenden Senkung des Herzminutenvolumens führen. Im Vergleich zum Noradrenalin sind die Ergebnisse also vergleichbar, aber scheinen deutlicher ausgeprägt zu sein. Als Beispiel führte Phenylephrin in der hohen Dosis zu einem Anstieg des systemischen Gefäßwiderstandes um fast 60% von der Baseline ausgehend, während Noradrenalin diesen nur um ca. 30% zum selben Messzeitpunkt erhöhte. Eine Tatsache, die also die deutlichere Affinität von Phenylephrin zu α-Rezeptoren unterstreicht. Die erfassten Ergebnisse sind auch übereinstimmend mit Daten vorheriger Studien am Pferd, auch wenn diese in ihrer Anzahl limitiert sind. LEE et al. (1998) sahen an Pferden unter Halothananästhesie und einer Infusion von Phenylephrin in einer Dosierung von 0,25-2 µg/kg KGW/min einen dosisabhängigen signifikanten Anstieg von Blutdruck und Gefäßwiderstand, während die Auswirkungen auf den Herzauswurf nicht statistisch signifikant verliefen. Ebenfalls untersucht wurde in der Studie der intramuskuläre Blutfluss, der zwar unter Phenylephrin nicht vermindert, aber trotz deutlicher Blutdruckerhöhung nicht verbessert wurde, also ein weiterer Hinweis, dass der arterielle Blutdruck alleine kein sicherer Hinweis auf den Verlauf peripherer Gewebeperfusionsparameter ist, ähnlich den Ergebnissen der aktuellen Studie. FANTONI et al. (2013) sahen ähnliche Ergebnisse in Bezug auf den systemischen Gefäßwiderstand und arteriellen Blutdruck und auch OHTA et al. (2013) stellten an Sevofluran anästhesierten Pferden einen dosisabhängigen Anstieg von Blutdruck und Gefäßwiderstand fest, konnten aber auch einen signifikanten Abfall des Herzauswurfes um fast 60% feststellen. In der höchsten Dosierung sank das Herzminutenvolumen in der hiesigen Studie nur um ca. 20% in der hohen Dosis, ein Abfall der aber für die Dosis 2 und 3 signifikant niedriger im Vergleich zu den Baseline Werten war. Neben den kardiovaskulären Parametern, untersuchten OHTA et al.

(2013) auch den Phenylephrin Plasmaspiegel. Sie konnten hier sowohl für den Anstieg des arteriellen Blutdruckes und systemischen Gefäßwiderstandes, als auch für den Abfall des Herzauswurfes eine direkte Korrelation zum steigenden Plasmaspiegel nachweisen, ein Ergebnis das die Dosisabhängigkeit der Effekte gut erklärt. Das Studiendesign ähnelt auch sehr dem aktuellen, mit einer Anwendung von drei Dosierungen (0,25, 0,5 und 1 µg/kg KGW/min), die jeweils für 15 Minuten infundiert wurden. Aufgrund der Kürze der Versuche wurde von den Autoren allerdings keine Berechnung der Plasmahalbwertszeiten durchgeführt, so dass weiterhin die genaue Pharmakokinetik von Phenylephrin beim Pferd unbekannt bleibt. In einer humanmedizinischen Studie konnte eine biologische Halbwertszeit von 2-3 Stunden nachgewiesen werden (HENGSTMANN u. GORONZY 1982). In dieser Studie wurden allerdings keine klinischen Parameter bestimmt, so dass hier keine Hinweise auf den klinischen Effekt von Phenylephrin in Zusammenhang mit der Plasmakonzentration hervorgeht. Alle Probanden der aktuellen Studie reagierten innerhalb weniger Minuten mit einer Veränderung der gemessenen Parameter und erreichten zwischen den Infusionen der unterschiedlichen Katecholamine vor dem Ende der Auswaschzeit wieder Baseline Werte, so dass zumindest der klinische Effekt von Phenylephrin beim Pferd als schnell reversibel mit einer guten Dosis-Effekt Wirkung beschrieben werden kann.

Ähnlich dem Noradrenalin, führte auch Phenylephrin zu einem Anstieg des alveolären Totraumes und zwar statistisch signifikant in allen drei Dosierungen. Wie auch bereits im Kapitel 5.2.3.1 beschrieben, könnte auch hier eine Konstriktion von Lungengefäßen für diesen Anstieg verantwortlich gemacht werden. Zusammengefasst betrachtet, bestätigen die deutliche Erhöhung des mittleren arteriellen, pulmonalarteriellen sowie rechtsartriellen Druckes, in Zusammenhang mit der erhöhten alveolären Totraumventilation und des Anstieges des systemischen Gefäßwiderstandes, dass auch beim Pferd das Phenylephrin eine deutliche α-Adrenozeptoren vermittelte vasokonstriktive Wirkung ausübt, die vor einer Anwendung in Allgemeinanästhesie aufgrund der potentiellen Gewebeminderperfusion bedacht und nicht unterschätzt werden sollte.

5.2.4.2 Einfluss auf die mikrovaskuläre Perfusion und Oxygenierung

Phenylephrin führte am Dünndarm, Dickdarm und Magen zu einem statistisch signifikanten Abfall des mikrovaskulären Blutflusses (Flow), in der hohen Dosierung um -31,2 ± 32,0% am Dünndarm und -44,1 ± 21,1% am Dickdarm von der Baseline ausgehend. Dieser Abfall könnte durch die Vermittlung einer lokalen Vasokonstriktion durch Aktivierung von α, vornehmlich α_1-Rezeptoren, entstehen. Betrachtet Gewebesauerstoffsättigung, zeigt auch hier Phenylephrin einen deutlich negativen Effekt. Der mittlere Sättigungswert von 90,9 ± 5,0% am gemessenen Dickdarmabschnitt zum Zeitpunkt der Baseline, fiel unter dem Einfluss der hohen Dosis von Phenylephrin auf 74,8 ± 3,2% ab. Dieser signifikante Abfall könnte in Zusammenhang mit dem verminderten Flow, der sich ja aus der Anzahl und der Geschwindigkeit der Erythrozyten zusammensetzt, als Hinweis auf eine Verminderung des relativen Blutvolumens im untersuchten Gewebeabschnitt sein. Als Ursache für diese Verminderung liegt erneut eine starke Vasokonstriktion im Messgebiet nahe. In wie fern die α vermittelte Vasokonstriktion und damit einhergehende Erhöhung des Gefäßwiderstandes zu einer Minderperfusion des Magendarmtraktes führen könnte, ist bisher allerdings in keinen Pferdemedizinischen und nur in wenigen Studien an anderen Spezies untersucht worden. SCHWARZ et al. (2001) stellten bei Schweinen in Allgemeinanästhesie keine negativen Effekte von Phenylephrin auf den Blutfluss und den pO2 der Jejunum Mukosa fest, während O'DWYER et al. (1997), ebenfalls an Schweinen, in einem kardiopulmonären Bypass Modell trotz Erhöhung des arteriellen Blutdruckes und systemischen Gefäßwiderstandes durch Phenylephrin (2,4 ± 0,6 µg/kg KGW/min) keine Wiederherstellung des mikrovaskulären Blutflusses im Splanchnikusgebiet erreichten. KREJCI et al. (2006) sahen in einem Tiermodell an Schweinen einen Anstieg des arteriellen Blutdruckes unter Phenylephrin, allerdings ohne signifikanten Einfluss auf weitere zentrale Kreislaufparameter. Ebenfalls mittels Laser Doppler Technik wurde der mikrovaskuläre Blutfluss an *Colon* und *Jejunum* gemessen, hier sahen die Autoren im Gegensatz zu den aktuellen Ergebnissen eher einen Anstieg des Blutflusses in der *Muscularis* des *Jejunums*, sogar um 30%. Durch welche Mechanismen die sehr unterschiedlichen Ergebnisse zu verzeichnen sind ist nicht sicher zu klären, aber ebenfalls wie bei den Vergleichsstudien aus den vorherigen

Kapiteln wird deutlich, dass ein simpler Vergleich der Ergebnisse verschiedener Studien, v.a. ein Vergleich innerhalb verschiedener Spezies, nicht ohne weiteres durchzuführen ist, da die individuelle Reaktionsfähigkeit auf den Einsatz von Katecholaminen deutlich zu sein scheint. In Bezug auf den Einsatz für eine Verbesserung der Perfusion des Splanchnikusgebietes erlaubt die Durchsicht der Literatur keine sichere Aussage, aber in Anbetracht der signifikant negativen Ergebnisse dieser Studie, sowohl auf die Werte der globalen als auch der peripheren Kreislaufparameter, ist der Einsatz beim Pferd zumindest deutlich in Frage zu stellen. Vergleichsweise kritisch sehen auch einige Autoren aus der Humanmedizin den Einsatz von Phenylephrin, v.a. bei Patienten im septischen Schock. So beschreiben die Verfasser der sogenannten „Surviving Sepsis Campaign“ den Einsatz von Phenylephrin als nicht empfehlenswert, außer es liegt eine therapieresistente Hypotonie bei ausreichend hohem Herzminutenvolumen oder eine starke arhythmogene Reaktion auf andere Katecholamine wie Noradrenalin vor (DELLINGER et al. 2013). In diesem Zusammenhang ist allerdings zu bedenken, dass es sich in dieser Versuchsreihe um gesunde, nicht septische Probanden gehandelt hat, ein Vergleich mit Studien an septischen Patienten kann also nicht direkt durchgeführt werden.

5.2.5 Vergleich der Baseline Messungen untereinander

Um eine gegenseitige Beeinflussung der Katecholamin Infusionen auszuschließen, wurde die Reihenfolge der Katecholamin Infusionen randomisiert. Zudem wurden vor jeder Messung neue Baseline Messungen etabliert, die sich hinsichtlich der Perfusionsparameter nicht signifikant voneinander unterschieden. In einer Studie zur Untersuchung des Einflusses der Narkosetiefe und –dauer auf die gastrointestinale Perfusion beim Pferd konnte zudem gezeigt werden, dass die Narkosedauer keinen signifikanten Einfluss auf die periphere gastrointestinale Perfusion hat (HOPSTER et al. 2015).

Chronologisch sortiert wiesen allerdings die Parameter Herzfrequenz, E_TCO_2 und alvDS signifikante Unterschiede auf. Als mögliche Erklärung für den Anstieg der Herzfrequenz könnte eine kompensatorische Reaktion auf die potentiell vasodilatative und kreislaufdepressive Wirkung, sowohl des Inhalationsanästhetikums Isofluran als auch der mechanischen Ventilation sein. Da aber weder der systemische Gefäßwiderstand, noch das Herzminutenvolumen signifikant verändert wurden, ist dieses nicht sicher zu klären. Aufgrund der Infusion von verschiedenen vaso- und kardioaktiven Wirkstoffen, könnte auch eine grundlegende Erhöhung des Katecholamin-Spiegels im Blut der Probanden eine erhöhte Reizleitungsaktivität des Myokards auslösen. Anhand der Tatsache allerdings, dass in Bezug auf die Medikamente zwischen den Infusionen stetig Baseline Werte erreicht wurden, ist dies nur eingeschränkt bewertbar. Bei Betrachtung der Rohdaten der einzelnen Probanden, zeigten einige Pferde auch eine grundsätzlich höhere Herzfrequenz im Vergleich zu anderen Probanden, ein höherer Sympathikus-Tonus einiger Individuen könnte also auch ein Grund dieser Veränderung sein.

Die Senkung des E_TCO_2 kann in Zusammenhang mit dem Anstieg der alveolären Totraumventilation allerdings gut erklärt werden. Die Lagerung in Rückenlage in Allgemeinanästhesie kann bei Pferden trotz mechanischer Ventilation zur Bildung von Kompressionsatelektasen der unten liegenden Lungenareale führen. Diese interferieren wiederrum mit der Effektivität des alveolären Gasaustausches (NYMAN et al. 1990). Eine Kompression der Alveolen oder eine Minderperfusion der perialveolären Gefäße, könnte also für die verringerte Abatmung des Kohlenstoffdioxids über die Lunge verantwortlich gemacht werden, welches sich hier in einer Erhöhung der alveolären Totraumventilation manifestiert.

Grundsätzlich waren die zeitlich bedingten Veränderungen jedoch wenig ausgeprägt und durch die Randomisierung über alle Behandlungsgruppen verteilt, sodass eine relevante Beinträchtigung der Ergebnisse ausgeschlossen werden kann.

5.2.6 Schlussfolgerung und Ausblick

Aufgrund der potentiellen Risiken einer Kreislaufdepression während der Allgemeinanästhesie, sind eine Vielzahl von Interventionen in den vergangenen Jahren beschrieben worden, um einer Hypotension entgegen zu wirken. Neben einer unterstützenden Flüssigkeitstherapie und einer Anpassung der Anästhesietiefe, um die kreislaufdepressiven Nebenwirkungen volatiler Anästhetika zu reduzieren, ist der Einsatz von Katecholaminen eine wichtige Maßnahme geworden. Die hier angewandten Wirkstoffe haben grundsätzlich sehr ähnliche Wirkungen und verfolgen für den anwendenden Anästhesisten dasselbe Ziel, eine Erhöhung oder Erhaltung des arteriellen Blutdruckes. Wie sie diesen erhöhen, unterliegt allerdings sehr unterschiedlichen Mechanismen. Bisher kaum untersucht wurde jedoch der Einfluss auf die lokale Zirkulation im Pferdeorganismus, die in der durchgeführten Studie am Gastrointestinaltrakt untersucht wurde. Die grundlegende Hypothese, dass vorwiegend β-mimetische Katecholamine die periphere Perfusion verbessern, während vorwiegend α-mimetische diese über ihre vasokonstriktiven Eigenschaften verschlechtern, konnte anhand der Ergebnisse dieser Versuche nicht vollständig belegt werden. Dobutamin folgte relativ gradlinig dem erwarteten Profil eines positiv inotropen und chronotropen Wirkstoffes und überzeugte durch die Erhöhung globaler und peripherer Perfusionsparameter. Diese Tatsache macht das Dobutamin zu einem klinisch relevanten Medikament für die Behandlung und Prävention von hypotensiven Kreislaufzuständen beim Pferd, wobei die hohe Dosis mit 3 µg/kg KGW/min bei einigen Probanden zu einer Tachykardie und einer sehr deutlichen Erhöhung des arteriellen Blutdruckes geführt hat. Die Anwendung einer solchen Dosierung sollte vorsichtig erfolgen, um eine potentielle Überlastung des Myokards mit der Gefahr einer Gewebehypoxie oder –ischämie zu vermeiden. Dopamin führte durch die Verschlechterung der Gewebeversorgung des Magendarmtraktes zu unerwarteten Ergebnissen. Die Hypothese, dass Dopamin durch Aktivität an β- und DA-Rezeptoren die mesenteriale Perfusion verbessert, konnte beim Pferd nicht bestätigt, sondern sogar widerlegt werden. Obwohl das Herzminutenvolumen unter Dopamin anstieg, ist der arterielle Blutdruck zeitgleich gesunken, welches Dopamin potentiell risikobehaftet für den klinischen Einsatz macht. Da unter regulären Praxisbedingungen der

Herzauswurf beim Pferd aufgrund der aufwendigen Instrumentierung selten bestimmt wird, ist der arterielle Blutdruck häufig der einzige Wert zur Evaluierung des Kreislaufzustandes. Ein sinkender arterieller Blutdruck könnte in diesem Falle fehlinterpretiert werden und zu einer Dosiserhöhung des Dopamins führen. Diese könnte weitere negative Folgen für die Perfusion des Magendarmtraktes haben und aufgrund der positiv inotropen Wirkung des Dopamins auch eine nachteilige Auswirkung auf das Myokard, ähnlich einer hohen Dobutamin-Dosis, haben.

Noradrenalin ist ein bisher wenig beschriebenes Medikament für den Einsatz in Allgemeinanästhesie beim Pferd. Durch Erhöhung des arteriellen Blutdruckes ohne Beeinträchtigung kardialer Leistung oder peripherer Perfusion, ist der Einsatz von Noradrenalin bis zu einer Dosis von 0,2 µg/kg KGW/min als unbedenklich anzusehen und somit prinzipiell klinisch gut einsetzbar am gesunden Pferd. Da es bisher keine Studien zum Einsatz beim akut erkrankten oder kreislaufdepressiven, adulten Pferd gibt, kann hier keine Aussage getroffen werden. Dennoch erscheint der Einsatz bei Patienten mit therapieresistenten Hypotonien als ein interessanter Ansatz, bedarf aber weiterer Untersuchungen. Die hohe Dosis (0,5 µg/kg KGW/min) Noradrenalin führte allerdings zu einer sehr ausgeprägten Erhöhung des systemischen Gefäßwiderstandes, so dass hier unter Umständen mit einer Minderperfusion anderer peripherer Gewebe zu rechnen sein könnte.

Phenylephrin ist anhand der erhobenen Ergebnisse ein Katecholamin, das nicht ohne gründliche Risikoabwägung in Allgemeinästhesie beim Pferd eingesetzt werden sollte. Die stark ausgeprägte Erhöhung des systemischen Gefäßwiderstandes, in Zusammenhang mit einer Beeinträchtigung sowohl zentraler als auch lokaler Perfusionscharakteristika, birgt hohe Risiken einer systemischen Minderperfusion. Diese könnte zu einer erhöhten perioperativen Komplikationsrate beitragen.In dieser Untersuchung ist auch sehr deutlich geworden, dass der arterielle Blutdruck alleine keinen sicheren Parameter darstellt, um den Zustand der Perfusion peripherer Versorgungsgebiete zu interpretieren. Vor dem klinischen Einsatz von Katecholaminen sollte also der grundlegende Wirkmechanismus mit seinen einhergehenden Risiken bedacht werden und immer eine ausreichende Volumentherapie durchgeführt werden.

Eine interessante Perspektive für den weiteren Einsatz von Katecholaminen in der Intensivmedizin und Anästhesie wäre es im Sinne eines multimodalen Therapieansatzes, verschiedene Wirkstoffe zu kombinieren. So zeigten zum Beispiel DURANTEAU et al. (1999) einen verbesserten Blutfluss der Magenschleimhaut von humanen Probanden unter Einfluss von Noradrenalin in Kombination mit Dobutamin im Vergleich zu Noradrenalin allein.

Der Einsatz von Katecholaminen beim hochgradig kreislaufbeinträchtigen Pferd ist klinisch sehr relevant. Vor allem eine Allgemeinanästhesie bei Pferden mit akuten gastrointestinalen Koliken, ist häufig mit einer ausgeprägten intraoperativen Kreislaufdepression und erhöhter perioperativer Mortalität verbunden (YOUNG u. TAYLOR 1993; JOHNSTON et al. 2002). Im Ausblick ist hier die Auswirkung auf die gastrointestinale Perfusion und das klinische Outcome ein sehr interessanter Ansatz und bedarf weiterer Studien.

6 Zusammenfassung

Christian Dancker

Einfluss verschiedener Katecholamine auf die Mikroperfusion und Oxygenierung des Gastrointestinaltraktes beim Pferd in Allgemeinanästhesie

Ziel der Studie war es, den Einfluss verschiedener Katecholamine auf die globale und die regionale gastrointestinale Perfusion zu untersuchen.

Zehn Pferde wurden mit Xylazin (0,8 mg/kg KGW i.v.) prämediziert, mittels Ketamin (2,2 mg/kg KGW i.v.) und Midazolam (0,05 mg/kg KGW i.v.) in Allgemeinanästhesie verbracht und durch Isofluran erhalten sowie maschinell beatmet. Nach Lagerung in Rückenlage erfolgte eine mediane Laparotomie. Nach 90 min. Equilibrierung wurden je drei Dosierungen (µg/kg/min) Dobutamin (0,5/1/3), Dopamin (1/2/5), Noradrenalin (0,1/0,2/0,5) und Phenylephrin (0,5/1/3) für jeweils 15 Minuten in randomisierter Reihenfolge verabreicht. Zwischen den Katecholaminen lag eine Auswaschzeit von 45 Minuten. Am Ende jeder Dosis und Auswaschzeit wurden am Magen, Dünn- und Dickdarm mittels Laser-Doppler-Flussmessung und Weißlichtspektrometrie mikrovaskulärer Blutfluss und Gewebesauerstoffsättigung gemessen. Zeitgleich wurde das Herzminutenvolumen mittels Thermodilution bestimmt, sowie weitere globale Kreislaufparameter (Herzfrequenz, arterieller Blutdruck, Atemfrequenz und Gefäßwiderstand) erfasst, sowie arterielle und gemischtvenöse Blutgasproben analysiert.

Der Effekt der Katecholamine wurde mittels one-way ANOVA für wiederholte Messungen untersucht ($p<0.05$).

Dobutamin erhöhte dosisabhängig Herzminutenvolumen, Herzfrequenz und den mittleren arteriellen Blutdruck, sowie den Blutfluss am Dünndarm um bis zu +47,6 ± 26,3% und am Dickdarm um bis zu +29,9 ± 15,4% (Mittelwerte ± SD).

Dopamin senkte in hoher Dosis signifikant den Blutfluss am Dünndarm (-35,7 ± 17%), und am Dickdarm (-39,8 ± 21,7%). Die Gewebesauerstoffsättigung sank ebenfalls signifikant unter Baselineniveau (89,9 ± 5,7%), am deutlichsten am Dünndarm (75,7 ± 7,3%). Das Herzminutenvolumen stieg signifikant an, während der systemische Gefäßwiderstand und der mittlere arterielle Blutdruck abfielen.

Noradrenalin hatte keinen signifikanten Einfluss auf die gastrointestinale Perfusion, erhöhte aber dosisabhängig mittleren arteriellen Blutdruck und den systemischen Gefäßwiderstand.

Die hohe Phenylephrindosis reduzierte den Blutfluss am Dünndarm, Dickdarm und Magen um -31,2 ± 32,0%, -44,1 ± 21,1% und -28,0 ± 19,2%. Die Gewebesauerstoffsättigung fiel ebenfalls signifikant unter die der Baseline (90,9 ± 5,0%), am deutlichsten am Dickdarm mit 74,8 ± 3,2%. Mittlerer arterieller Blutdruck und systemischer Gefäßwiderstand wurden dosisabhängig erhöht, während das Herzminutenvolumen und die Herzfrequenz reduziert wurden.

Dobutamin zeigt durch positive Effekte auf globale und regionale Perfusionsparameter ein günstiges Wirkprofil für das Pferd in Allgemeinanästhesie, während der Einfluss von Dopamin trotz Erhöhung des Herzminutenvolumens auf die gastrointestinale Perfusion negativ war. Phenylephrin zeigte in der vorliegenden Studie deutlich negative Einflüsse auf die periphere Perfusion, wohingegen Noradrenalin in den gewählten Dosierungen ein geeigneter Vasopressor ohne nachteilige Effekte auf die gastrointestinale Perfusion zu sein scheint.

7 Summary

Christian Dancker

Influence of different catecholamines on microvascular blood flow and tissue oxygenation of the gastrointestinal tract under general anaesthesia in horses.

The aim of this study was to evaluate the influence of different cardiovascular active drugs with different adrenoreceptor affinity on both systemic and local tissue perfusion characteristics.

Ten horses underwent general anaesthesia with isoflurane in dorsal recumbancy and were subjected to a median laparotomy. Anaesthesia induction was achieved with i.v. ketamin (2.2 mg/kg BW) and midazolam (0.05 mg/kg BW), after xylazine (0.8 mg/kg BW) as premedication. All horses were mechanically ventilated. After 90 min. of equilibration, every horse was subjected to a continuous rate infusion of three different doses (µg/kg/min) of dobutamine (0.5/1/3), dopamine (1/2/5), norepinephrine (0.1/0.2/0.5) and phenylephrine (0.5/1/3), each infused for 15 min. in a randomized order. In between every individual catecholamine, a wash out period of 45 min. was set. At the end of every dose rate and wash out period, the microvascular bloodflow and tissue oxygen saturation of the jejunum, stomach and colon were measured using a combination of Laser-Doppler-Flowmetry and white light remission spectrophotometry. Simultaneously cardiac output (CO) was measured by thermodilution, and heart rate (HR), mean arterial pressures (MAP) and respiratory rate (RR) were recorded. At the same time points both arterial and mixed venous blood gas samples were taken and analyzed.

Influence of drug and dose was analyzed by 1-way-ANOVA for repeated measurements ($p < 0.05$).

Dobutamine dose-dependently increased CO, HR and MAP and the gastrointestinal blood flow with a significant increase up to +47.6 ± 26.3% for the jejunum and up to +29.9 ± 15.4% in the colon (mean ± SD).
Dopamine significantly decreased the local blood flow in its high dose, both in the small and large intestines (-35.7 ± 17% and -39.8 ± 21.7%, respectively). Also tissue oxygen saturation significantly fell below baseline values (89.9 ± 5.7%), most prominently in the small intestines with the high dose of dopamine (75.7 ± 7.3%). Globally CO increased, while SVR and MAP decreased.
Norepinephrine had no significant influence on the gastrointestinal circulation, but significantly increased MAP and SVR in a dose related manner.
The high dose of phenylephrine caused a significant decrease in blood flow in the small and large intestines and the stomach, of up to -31.2 ± 32.0%, -44.1 ± 21.1% and -28.0 ± 19.2%, respectively. Tissue oxygen saturation was also decreased, most prominently at the colon measurement site with a value of 74.8 ± 3.2% vs. a baseline measurement of 90.9 ± 5.0%. The MAP and SVR significantly increased in a dose dependent fashion, while CO and HR were significantly decreased.

Dobutamine improved both global and local perfusion characteristics, so it remains the most suitable catecholamine to treat hypotension in horses under general anaesthesia. Dopamine negatively impacted microcirculatory blood flow in the gastrointestinal tract, despite a significant increase in CO. Phenylephrine produced the most intense decrease in both systemic and local circulation, whilst norepinephrine increased MAP and SVR without negatively affecting the mesenteric blood flow, which could make it a suitable vasopressor for use in equine colic surgery.

8 Literaturverzeichnis

ADAMS, H. R. (2009):
Adrenergic Agonists and Antagonists
In: J. E. RIVIERE und M. G. PAPICH
Veterinary Pharmacology and Therapeutics
9th Ed., Wiley-Blackwell Ames, Iowa USA S. 125-153

AHLQUIST, R. P. (1948):
A study of the adrenotropic receptors.
Am J Physiol 153, 586-600

AHN, H., J. LINDHAGEN, G. E. NILSSON, P. A. OBERG u. O. LUNDGREN (1986):
Assessment of blood flow in the small intestine with laser Doppler flowmetry.
Scand J Gastroenterol 21, 863-870

AHN, H., J. LINDHAGEN, G. E. NILSSON, E. G. SALERUD, M. JODAL u. O. LUNDGREN (1985):
Evaluation of laser Doppler flowmetry in the assessment of intestinal blood flow in cat.
Gastroenterology 88, 951-957

ALBUSZIES, G., P. RADERMACHER, J. VOGT, U. WACHTER, S. WEBER, M. SCHOAFF, M. GEORGIEFF u. E. BARTH (2005):
Effect of increased cardiac output on hepatic and intestinal microcirculatory blood flow, oxygenation, and metabolism in hyperdynamic murine septic shock.
Crit Care Med 33, 2332-2338

ALEXANDER, S. P. H., A. MATHIE u. J. A. PETERS (2011):
Guide to Receptors and Channels (GRAC), 5th edition.
Br J Pharmacol 164, S24-26: S44

ALTMEYER, P., K. HOFFMANN u. M. STÜCKER (1997):
Kapillarmikroskopie.
In: Kutane Mikrozirkulation
Springer Berlin Heidelberg, S. 25-71

ANDERSON, M. G. u. M. M. AITKEN (1977):
Biochemical and physiological effects of catecholamine administration in the horse.
Res Vet Sci 22, 357-360

BANGASH, M. N., M.-L. KONG u. R. M. PEARSE (2012):
Use of inotropes and vasopressor agents in critically ill patients.
Br J Pharmacol 165, 2015-2033

BARNARD, M. J. u. S. P. LINTER (1993):
Acute circulatory support.
Brit. Med. J. 307, 35-41

BEALE, R. J., S. M. HOLLENBERG, J. L. VINCENT u. J. E. PARRILLO (2004):
Vasopressor and inotropic support in septic shock: an evidence-based review.
Crit Care Med 32, S455-465

BECKERT, S., M. B. WITTE, A. KÖNIGSRAINER u. S. COERPER (2004):
The Impact of the Micro-Lightguide O2C for the Quantification of Tissue Ischemia in Diabetic Foot Ulcers.
Diabetes Care 27, 2863-2867

BELLOMO, R., M. CHAPMAN, S. FINFER, K. HICKLING u. J. MYBURGH (2000):
Low-dose dopamine in patients with early renal dysfunction: a placebo-controlled randomised trial.
The Lancet 356, 2139-2143

BELOEIL, H., J.-X. MAZOIT, D. BENHAMOU u. J. DURANTEAU (2005):
Norepinephrine kinetics and dynamics in septic shock and trauma patients.
Br J Anaesth 95, 782-788

BENARON, D. A., I. H. PARACHIKOV, W.-F. CHEONG, S. FRIEDLAND, B. E. RUBINSKY, D. M. OTTEN, F. W. H. LIU, C. J. LEVINSON, A. L. MURPHY, J. W. PRICE, Y. TALMI, J. P. WEERSING, J. L. DUCKWORTH, U. B. HÖRCHNER u. E. L. KERMIT (2005):
Design of a visible-light spectroscopy clinical tissue oximeter.
J Biomed Opt 10, 044005-044005-044009

BENARON, D. A., I. H. PARACHIKOV, S. FRIEDLAND, R. SOETIKNO, J. BROCK-UTNE, P. J. A. VAN DER STARRE, C. NEZHAT, M. K. TERRIS, P. G. MAXIM, J. J. L. CARSON, M. K. RAZAVI, H. B. GLADSTONE, E. F. FINCHER, C. P. HSU, F. L. CLARK, W.-F. CHEONG, J. L. DUCKWORTH u. D. K. STEVENSON (2004):
Continuous, Noninvasive, and Localized Microvascular Tissue Oximetry Using Visible Light Spectroscopy.
Anesthesiology 100, 1469-1475

BERG, R. A., R. L. DONNERSTEIN u. J. F. PADBURY (1993):
Dobutamine infusions in stable, critically ill children: pharmacokinetics and hemodynamic actions.
Crit Care Med 21, 678-686

BITHELL, S., J. L. HABERSHON-BUTCHER, I. M. BOWEN u. G. D. HALLOWELL (2010):
Repeatability and reproducibility of transabdominal ultrasonographic intestinal wall thickness measurements in Thoroughbred horses.
Vet Radiol Ultrasound 51, 647-651

BLAZEK, V. u. T. NOPPENEY (2007):
Wertigkeit der Photoplethysmographie (PPG) und der Strain-gauge-Plethysmographie (SGP) im Rahmen der funktionellen Beinvenendiagnostik.
Gefässchirurgie 12, 374-378

BOESCH, J. M. (2013):
Anesthesia for the Horse with Colic.
Vet Clin North Am Equine Pract 29, 193-214

BONNER, R. u. R. NOSSAL (1981):
Model for laser Doppler measurements of blood flow in tissue.
Applied optics 20, 2097-2107

BONNER, R. u. R. NOSSAL (1990):
Principles of Laser-Doppler Flowmetry.
In: A. P. SHEPHERD und P. Å. ÖBERG
Laser-Doppler Blood Flowmetry
Springer US, New York, S. 17-45

BULKLEY, G. B., G. D. ZUIDEMA, S. R. HAMILTON, C. S. O'MARA, P. G. KLACSMANN u. S. D. HORN (1981):
Intraoperative determination of small intestinal viability following ischemic injury: a prospective, controlled trial of two adjuvant methods (Doppler and Fluorescein) compared with standard clinical judgment.
Ann Surg 193, 628-637

CASSUTO, J., S. CEDGÅRD, U. L. F. HAGLUND, S. REDFORS u. O. V. E. LUNDGREN (1979):
Intramural blood flows and flow distribution in the feline small intestine during arterial hypotension.
Acta Physiol Scand 106, 335-342

CHEN, H. C., M. D. SINCLAIR u. D. H. DYSON (2007):
Use of ephedrine and dopamine in dogs for the management of hypotension in routine clinical cases under isoflurane anesthesia.
Vet Anaesth Analg 34, 301-311

CHIMOSKEY, J. E. (1972):
Skin blood flow by 133 Xe disappearance validated by venous occlusion plethysmography.
J Appl Physiol 32, 432-435

CHOU, C. C. u. R. W. COATNEY (1994):
Nutrient-induced changes in intestinal blood flow in the dog.
Vet J 150, 423-437

CHOU, C. C., C. P. HSIEH, Y. M. YU, P. KVIETYS, L. C. YU, R. PITTMAN u. J. M. DABNEY (1976):
Localization of mesenteric hyperemia during digestion in dogs.
Am J Physiol 230, 583-589

CONGER, J. D., S. A. FALK, B. H. YUAN u. R. W. SCHRIER (1989):
Atrial natriuretic peptide and dopamine in a rat model of ischemic acute renal failure.
Kidney Int 35, 1126-1132

COOPERMAN, M., E. W. MARTIN, JR. u. L. C. CAREY (1980):
Evaluation of ischemic intestine by Doppler ultrasound.
Am J Surg 139, 73-77

COPE, M. u. D. T. DELPY (1988):
System for long-term measurement of cerebral blood and tissue oxygenation on newborn infants by near infra-red transillumination.
Med Biol Eng Comput 26, 289-294

CORBETT, E. J., B. N. BARRY, S. G. POLLARD, J. P. LODGE u. M. C. BELLAMY (2000):
Laser Doppler flowmetry is useful in the clinical management of small bowel transplantation. The Liver Transplant Group.
Gut 47, 580-583

CORLEY, K. T. T. (2004):
Inotropes and vasopressors in adults and foals.
Vet Clin North Am Equine Pract 20, 77-106

COTECCHIA, S. (2010):
The α1-adrenergic receptors: diversity of signaling networks and regulation.
J Recept Sig Transd 30, 410-419

CRAIG, C. A., S. C. HASKINS u. S. V. HILDEBRAND (2007):
The cardiopulmonary effects of dobutamine and norepinephrine in isoflurane-anesthetized foals.
Vet Anaesth Analg 34, 377-387

DE BACKER, D. (2000):
The effects of positive end-expiratory pressure on the splanchnic circulation.
Intensive Care Med 26, 361-363

DE BACKER, D., P. BISTON, J. DEVRIENDT, C. MADL, D. CHOCHRAD, C. ALDECOA, A. BRASSEUR, P. DEFRANCE, P. GOTTIGNIES u. J.-L. VINCENT (2010):
Comparison of Dopamine and Norepinephrine in the Treatment of Shock.
N Engl J Med 362, 779-789

DE BACKER, D., J. CRETEUR, M.-J. DUBOIS, Y. SAKR u. J.-L. VINCENT (2004):
Microvascular alterations in patients with acute severe heart failure and cardiogenic shock.
Am Heart J 147, 91-99

DE BACKER, D., H. ZHANG, P. MANIKIS u. J. L. VINCENT (1996):
Regional Effects of Dobutamine in Endotoxic Shock.
J Surg Res 65, 93-100

DE BOER, E. M., P. D. BEZEMER u. D. P. BRUYNZEEL (1989):
A standard method for repeated recording of skin blood flow using laser Doppler flowmetry.
Derm Beruf Umwelt 37, 58-62

DE VRIES, A., J. C. BREARLEY u. P. M. TAYLOR (2009):
Effects of dobutamine on cardiac index and arterial blood pressure in isoflurane-anaesthetized horses under clinical conditions.
J Vet Pharmacol Ther 32, 353-358

DEITCH, E. A., W. BRIDGES, L. MA, R. BERG, R. D. SPECIAN u. D. N. GRANGER (1990):
Hemorrhagic Shock-induced Bacterial Translocation: The Role of Neutrophils and Hydroxyl Radicals.
J Trauma Acute Care Surg 30, 942-952

DELLINGER, R. P., M. M. LEVY, A. RHODES, D. ANNANE, H. GERLACH, S. M. OPAL, J. E. SEVRANSKY, C. L. SPRUNG, I. S. DOUGLAS, R. JAESCHKE, T. M. OSBORN, M. E. NUNNALLY, S. R. TOWNSEND, K. REINHART, R. M. KLEINPELL, D. C. ANGUS, C. S. DEUTSCHMAN, F. R. MACHADO, G. D. RUBENFELD, S. A. WEBB, R. J. BEALE, J. L. VINCENT u. R. MORENO (2013):
Surviving sepsis campaign: international guidelines for management of severe sepsis and septic shock: 2012.
Crit Care Med 41, 580-637

DEN UIL, C. A., E. KLIJN, W. K. LAGRAND, J. J. BRUGTS, C. INCE, P. E. SPRONK u. M. L. SIMOONS (2008):
The Microcirculation in Health and Critical Disease.
Progress in Cardiovascular Diseases 51, 161-170

DENTON, M. D., G. M. CHERTOW u. H. R. BRADY (1996):
"Renal-dose" dopamine for the treatment of acute renal failure: Scientific rationale, experimental studies and clinical trials.
Kidney Int 50, 4-14

DERRINGTON, M. C. u. G. SMITH (1987):
A Reviw of Studies of Anesthetic Risk, Morbidity and Mortality.
Br J Anaesth 59, 815-833

DICKEY, E. J., H. C. MCKENZIE III, A. JOHNSON u. M. O. FURR (2010):
Use of pressor therapy in 34 hypotensive critically ill neonatal foals.
Aust Vet J 88, 472-477

DIETRICH, H. H. u. K. TYML (1992):
Capillary as a communicating medium in the microvasculature.
Microvasc Res 43, 87-99

DONALDSON, L. L. (1988):
Retrospective assessment of dobutamine therapy for hypotension in anesthetized horses.
Vet Surg 17, 53-57

DUCROCQ, N., A. KIMMOUN, A. FURMANIUK, Z. HEKALO, F. MASKALI, S. POUSSIER, P.-Y. MARIE u. B. LEVY (2012):
Comparison of Equipressor Doses of Norepinephrine, Epinephrine, and Phenylephrine on Septic Myocardial Dysfunction.
Anesthesiology 116, 1083-1091

DUKTI, S. u. N. WHITE (2008):
Surgical complications of colic surgery.
Vet Clin North Am Equine Pract 24, 515-534

DÜMMLER, W. (1988)
Bestimmung von Hämoglobin-Oxygenierung und relativer Hämoglobin-Konzentration in biologischen Systemen durch Auswertung von Remissionsspektren mit Hilfe der Kubelka-Munk-Theorie.
Dissertation, Institut für Physiologie und Kardiologie der Universität Erlangen-Nürnberg.

DUNLOP, C. I. (1994):
Anesthesia and sedation of foals.
Vet Clin North Am Equine Pract 10, 67-85

DURANTEAU, J., P. SITBON, J. L. TEBOUL, E. VICAUT, N. ANGUEL, C. RICHARD u. K. SAMII (1999):
Effects of epinephrine, norepinephrine, or the combination of norepinephrine and dobutamine on gastric mucosa in septic shock.
Crit Care Med 27, 893-900

DYESS, D. L., B. W. BRUNER, C. A. DONNELL, J. J. FERRARA u. R. W. POWELL (1991):
Intraoperative evaluation of intestinal ischemia: a comparison of methods.
South Med J 84, 966-969, 974

DYSON, D. H. u. M. D. SINCLAIR (2006):
Impact of dopamine or dobutamine infusions on cardiovascular variables after rapid blood loss and volume replacement during isoflurane-induced anesthesia in dogs.
Am J Vet Res 67, 1121-1130

EDNER, A. (2005)
Effects of Anaesthesia on Haemodynamics and Metabolism in Horses Evaluated by Laser Doppler Flowmetry, Microdialysis and Muscle Biopsy Techniques
Doctoral thesis, Faculty of Veterinary Medicine and Animal Science, Swedish University of Agricultural Sciences Uppsala.

EDNER, A., G. NYMAN u. B. ESSÉN-GUSTAVSSON (2002):
The relationship of muscle perfusion and metabolism with cardiovascular variables before and after detomidine injection during propofol–ketamine anaesthesia in horses.
Vet Anaesth Analg 29, 182-199

EDNER, A., G. NYMAN u. B. ESSÉN-GUSTAVSSON (2005):
The effects of spontaneous and mechanical ventilation on central cardiovascular function and peripheral perfusion during isoflurane anaesthesia in horses.
Vet Anaesth Analg 32, 136-146

EUN, H. C. (1995):
Evaluation of skin blood flow by laser Doppler flowmetry.
Clin Dermatol 13, 337-347

FANTONI, D. T., G. G. MARCHIONI, K. K. IDA, J. N. B. BELO, A. L. V. ZOPPA, L. C. L. C. SILVA u. A. M. AMBRÓSIO (2013):
Effect of ephedrine and phenylephrine on cardiopulmonary parameters in horses undergoing elective surgery.
Vet Anaesth Analg 40, 367-374

FECHNER, G., J. VON PEZOLD, O. LUZAR, S. HAUSER, R. H. TOLBA u. S. C. MÜLLER (2009):
Modified Spectrometry (O2C Device) of Intraoperative Microperfusion Predicts Organ Function After Kidney Transplantation: A Pilot Study.
Transplantation Proceedings 41, 3575-3579

FINK, M. (2003):
Intestinal epithelial hyperpermeability: update on the pathogenesis of gut mucosal barrier dysfunction in critical illness.
Curr Opin Crit Care 9, 143 - 151

FINK, M. P. (1991):
Gastrointestinal mucosal injury in experimental models of shock, trauma, and sepsis.
Crit Care Med 19, 627-641

FLANCBAUM, L., M. DICK, J. DASTA, R. SINHA u. P. CHOBAN (1997):
A dose-response study of phenylephrine in critically ill, septic surgical patients.
Eur J Clin Pharmacol 51, 461-465

FORST, T., C. HOHBERG, E. TARAKCI, S. FORST, P. KANN u. A. PFUTZNER (2008):
Reliability of lightguide spectrophotometry (O2C) for the investigation of skin tissue microvascular blood flow and tissue oxygen supply in diabetic and nondiabetic subjects.
J Diabetes Sci Technol 2, 1151-1156

FOURNELL, A., T. W. SCHEEREN u. L. A. SCHWARTE (1997):
Oxygenation of the intestinal mucosa in anaesthetized dogs is attenuated by intermittent positive pressure ventilation (IPPV) with positive end-expiratory pressure (PEEP).
Adv Exp Med Biol 428, 385-389

FREDERICK, J., S. GIGUÃ¨RE, K. BUTTERWORTH, A. PELLEGRINI-MASINI, R. CASAS-DOLZ u. M. M. TURPIN (2010):
Severe phenylephrine-associated hemorrhage in five aged horses.
J Am Vet Med Assoc 237, 830-834

FREDRIKSSON, I., C. FORS u. J. JOHANSSON (2007)
Laser Doppler Flowmetry - a Theoretical Framework
Department of Biomedical Engineering, Linköping University

FREDRIKSSON, I., M. LARSSON u. T. STRÖMBERG (2009):
Measurement depth and volume in laser Doppler flowmetry.
Microvasc Res 78, 4-13

FREEDLANDER, S. O. u. C. H. LENHART (1922):
Clinical observations on the capillary circulation.
Arch Intern Med 29, 12-32

FRIEDRICH, J. O., N. ADHIKARI, M. S. HERRIDGE u. J. BEYENE (2005):
Meta-Analysis: Low-Dose Dopamine Increases Urine Output but Does Not Prevent Renal Dysfunction or Death.
Ann Intern Med 142, 510-524

FUJIMOTO, S. u. T. ITOH (1996):
Contraction and relaxation responses of femoral artery and aorta to norepinephrine in young rats.
Gen Pharmacol 27, 1355-1359

GANDJBAKHCHE, A. H., R. F. BONNER, A. E. ARAI u. R. S. BALABAN (1999):
Visible-light photon migration through myocardium in vivo.
Am J Physiol 277, H698-704

GARB, S. (1950):
Inotropic action of epinephrine, norepinephrine, and N-isopropyl-norepinephrine on heart muscle.
Proc Soc Exp Biol Med 73, 134

GASTHUYS, F., A. DE MOOR u. D. PARMENTIER (1991):
Influence of Dopamine and Dobutamine on the Cardiovascular Depression During a Standard Halothane Anaesthesia in Dorsally Recumbent, Ventilated Ponies.
Zentralbl Veterinarmed A 38, 494-500

GEHLEN, H., A. WEICHLER, K. BUBECK, B. OHNESORGE, E. DEEGEN u. P. STADLER (2006):
Effects of Two Different Dosages of Dobutamine on Pulmonary Artery Wedge Pressure, Systemic Arterial Blood Pressure and Heart Rate in Anaesthetized Horses.
Zentralbl Veterinarmed A 53, 476-480

GELMAN, S., K. C. FOWLER u. L. R. SMITH (1984):
Regional Blood Flow during Isoflurane and Halothane Anesthesia.
Anesth Analg 63, 557-565

GERMANN, R., M. HAISJACKL, W. HASIBEDER, H. SPARR, G. LUZ, R. PLATTNER, H. PERNTHALER, B. FRIESENECKER u. M. FALK (1985):
Dopamine and mucosal oxygenation in the porcine jejunum.
J Appl Physiol 77, 2845-2852

GILL, R. W. (1985):
Measurement of blood flow by ultrasound: accuracy and sources of error.
Ultrasound Med Biol 11, 625-641

GOLDFARB, D., A. IAINA, I. SERBAN, S. GAVENDO u. H. E. ELIAHOU (1981):
Dopamine in the early recovery phase of acute ischemic renal failure in rats.
Isr J Med Sci 17, 1069-1071

GOLDMAN, R. D., A. S. AZIZ, L. MARQUES u. A. L. ROGOVIK (2010):
Measuring Tissue Oxygen Saturation via Spectrometer in Children.
J Trauma Acute Care Surg 68, 650-654

GRANDY, J. L., E. P. STEFFEY, D. S. HODGSON u. M. J. WOLINER (1987):
Arterial hypotension and the development of postanesthetic myopathy in halothane-anesthetized horses.
Am J Vet Res 48, 192-197

GROSCHE, A. (2004)
Kolik bei Pferden - Retrospektive Studie aus dem Patientengut der Medizinischen Tierklinik Leipzig 1994 - 1998.
Dissertation, Veterinärmedizinische Fakultät Universität Leipzig.

GUZMAN, J. A., A. E. ROSADO u. J. A. KRUSE (2001):
Dopamine-1 receptor stimulation attenuates the vasoconstrictive response to gut ischemia.
J Appl Physiol 91, 596-602

HABUCHI, Y., H. TANAKA, T. YAMAMOTO, T. KOMORI, M. NISHIO u. M. YOSHIMURA (1997):
The mechanisms underlying heart stimulation by dopamine, with special reference to direct and indirect β adrenoceptor stimulation.
Clin Exp Hypertens 19, 141-154

HAISJACKL, M., G. LUZ, H. SPARR, R. GERMANN, N. SALAK, B. FRIESENECKER, E. DEUSCH, S. MEUSBURGER u. W. HASIBEDER (1997):
The Effects of Progressive Anemia on Jejunal Mucosal and Serosal Tissue Oxygenation in Pigs.
Anesth Analg 84, 538-544

HARDY, J., R. M. BEDNARSKI u. D. S. BILLER (1994):
Effect of phenylephrine on hemodynamics and splenic dimensions in horses.
Am J Vet Res 55, 1570-1578

HARRISON, D., A. GREENIDGE u. R. C. LANDIS (2011):
Skin SO2 Measurement Using Visible Lightguide Spectrophotometry in a Black Population: A Feasibility Study.
In: J. C. LAMANNA, M. A. PUCHOWICZ, K. XU, D. K. HARRISON und D. F. BRULEY
Oxygen Transport to Tissue XXXII
Springer US, S. 277-282

HARTMAN, J. C., P. PAGEL, L. PROCTOR, J. KAMPINE, W. SCHMELING u. D. WARLTIER (1992):
Influence of desflurane, isoflurane and halothane on regional tissue perfusion in dogs.
Can J Anaesth 39, 877-887

HASIBEDER, W., R. GERMANN, H. J. WOLF, M. HAISJACKL, H. HAUSDORFER, B. RIEDMANN, J. BONATII, E. GRUBER, B. SCHWARZ, P. WALDENBERGER, B. FRIESENECKER u. B. FURTNER (1996):
Effects of short-term endotoxemia and dopamine on mucosal oxygenation in porcine jejunum.
Am J Physiol 270, G667-675

HASSOUN, H. T., B. C. KONE, D. W. MERCER, F. G. MOODY, N. W. WEISBRODT u. F. A. MOORE (2001):
Post-injury multiple organ failure: The role of the gut.
Shock 15, 1-10

HELLYER, WAGNER, MAMA u. GAYNOR (1998):
The effects of dobutamine and ephedrine on packed cell volume, total protein, heart rate, and blood pressure in anaesthetized horses.
J Vet Pharmacol Ther 21, 497-499

HENGSTMANN, J. H. u. J. GORONZY (1982):
Pharmacokinetics of 3H-phenylephrine in man.
Eur J Clin Pharmacol 21, 335-341

HERN u. MORTIMER (1999):
Visualization of dermal blood vessels — capillaroscopy.
Clin Exp Dermatol 24, 473-478

HEWLETT, A. u. J. VAN ZWALUWENBURG (1909):
The rate of blood flow in the arm.
Heart 1, 631–646.

HILTEBRAND, L. B., V. KREJCI, A. BANIC, D. ERNI, A. M. WHEATLEY u. G. H. SIGURDSSON (2000):
Dynamic study of the distribution of microcirculatory blood flow in multiple splanchnic organs in septic shock.
Crit Care Med 28, 3233-3241

HILTEBRAND, L. B., V. KREJCI u. G. H. SIGURDSSON (2004):
Effects of Dopamine, Dobutamine, and Dopexamine on Microcirculatory Blood Flow in the Gastrointestinal Tract during Sepsis and Anesthesia.
Anesthesiology 100, 1188-1197

HILTEBRAND, L. B., V. KREJCI, M. E. TENHOEVEL, A. BANIC u. G. H. SIGURDSSON (2003):
Redistribution of Microcirculatory Blood Flow within the Intestinal Wall during Sepsis and General Anesthesia.
Anesthesiology 98, 658-669

HINCHCLIFF, K. W., K. H. MCKEEVER u. W. W. MUIR, 3RD (1991):
Hemodynamic effects of atropine, dobutamine, nitroprusside, phenylephrine, and propranolol in conscious horses.
J Vet Intern Med 5, 80-86

HINCKLEY, K. A., S. FEARN, B. R. HOWARD u. I. W. HENDERSON (1995):
Near infrared spectroscopy of pedal haemodynamics and oxygenation in normal and laminitic horses.
Equine Vet J 27, 465-470

HOKANSON, D. E., D. S. SUMNER u. D. E. STRANDNESS, JR. (1975):
An electrically calibrated plethysmograph for direct measurement of limb blood flow.
Trans Biomed Eng 22, 25-29

HOLLIS, A. R., J. C. OUSEY, L. PALMER, J. O. STEPHEN, S. J. STONEHAM, R. C. BOSTON u. K. T. T. CORLEY (2008):
Effects of Norepinephrine and Combined Norepinephrine and Fenoldopam Infusion on Systemic Hemodynamics and Indices of Renal Function in Normotensive Neonatal Foals.
J Vet Intern Med 22, 1210-1215

HOLLIS, A. R., J. C. OUSEY, L. PALMER, S. J. STONEHAM u. K. T. CORLEY (2006):
Effects of norepinephrine and a combined norepinephrine and dobutamine infusion on systemic hemodynamics and indices of renal function in normotensive neonatal thoroughbred foals.
J Vet Intern Med 20, 1437-1442

HOLLOWAY, G. A., JR. u. D. W. WATKINS (1977):
LASER DOPPLER MEASUREMENT OF CUTANEOUS BLOOD FLOW.
J Investig Dermatol 69, 306-309

HÖLZLE, F., D. A. MITCHELL, A. RAU, J. PALISAAR, D. J. LOEFFELBEIN, J. NOLDUS, A. HOHEISEL, T. MÜCKE, M. KESTING u. K.-D. WOLFF (2012):
Assessment of the perfusion and morbidity of the buccal mucosal donor site for grafting of urethral strictures.
J Craniomaxillofac Surg 40, 47-50

HOPSTER, K., C. HOPSTER-IVERSEN, F. GEBUREK, K. ROHN u. S. B. R. KÄSTNER (2015):
Temporal and concentration effects of isoflurane anaesthesia on intestinal tissue oxygenation and perfusion in horses.
Vet J 205, 62-68

HUMER, M. F., P. T. PHANG, B. P. FRIESEN, M. F. ALLARD, C. M. GODDARD u. K. R. WALLEY (1996):
Heterogeneity of gut capillary transit times and impaired gut oxygen extraction in endotoxemic pigs.
J Appl Physiol 81, 895-904

HUNT, J. M., G. B. EDWARDS u. K. W. CLARKE (1986):
Incidence, diagnosis and treatment of postoperative complications in colic cases.
Equine Vet J 18, 264-270

INCE, C. (2005):
The microcirculation is the motor of sepsis.
Crit Care 9, S13 - S19

JAKOB, S. M., J. J. TENHUNEN, S. LAITINEN, A. HEINO, E. ALHAVA u. J. TAKALA (2001):
Effects of systemic arterial hypoperfusion on splanchnic hemodynamics and hepatic arterial buffer response in pigs.
Am J Physiol Gastrointest Liver Physiol 280, 819-827

JAKOBSSON, A. u. G. E. NILSSON (1993):
Prediction of sampling depth and photon pathlength in laser Doppler flowmetry.
Med Biol Eng Comput 31, 301-307

JARNBERG, P. O., L. BENGTSSON, J. EKSTRAND u. B. HAMBERGER (1981):
Dopamine infusion in man. Plasma catecholamine levels and pharmacokinetics.
Acta Anaesthesiol Scand 25, 328-331

JHANJI, S., C. LEE, D. WATSON, C. HINDS u. R. PEARSE (2009):
Microvascular flow and tissue oxygenation after major abdominal surgery: association with post-operative complications.
Intensive Care Med 35, 671-677

JOBSIS, F. F. (1977):
Noninvasive, infrared monitoring of cerebral and myocardial oxygen sufficiency and circulatory parameters.
Science 198, 1264-1267

JOHNSTON, A., L. STEINER, M. O´CONNELL, D. CHATFIELD, A. GUPTA u. D. MENON (2004):
Pharmacokinetics and pharmacodynamics of dopamine and norepinephrine in critically ill head-injured patients.
Intensive Care Med 30, 45-50

JOHNSTON, G. M. (2005):
Findings from the CEPEF epidemiological studies into equine perioperative complications.
Equine Vet Educ 15, 64-68

JOHNSTON, G. M., J. K. EASTMENT, J. L. N. WOOD u. P. M. TAYLOR (2002):
The confidential enquiry into perioperative equine fatalities (CEPEF): mortality results of Phases 1 and 2.
Vet Anaesth Analg 29, 159-170

JONES, R. S. (2001):
Comparative mortality in anaesthesia.
Br J Anaesth 87, 813-815

JØRGENSEN, L. P. u. T. V. SCHROEDER (2012):
Micro-lightguide spectrophotometry for tissue perfusion in ischemic limbs.
J Vasc Surg 56, 746-752

KAUMANN, A. J., J. A. HALL, K. J. MURRAY, F. C. WELLS u. M. J. BROWN (1989):
A comparison of the effects of adrenaline and noradrenaline on human heart: the role of β1- and β2-adrenoceptors in the stimulation of adenylate cyclase and contractile force.
Eur Heart J 10, 29-37

KERR, C. (2006):
Physiology of the respiratory system.
In: T. DOHERTY und A. VALVERDE
Manual of Equine Anesthesia and Analgesia
Blackwell Publishing Ltd, Oxford UK, S. 44-55

KESSLER, M. D., A. KRUG u. J. HOEPER (1996):
Noninvasive topographical investigation of functional parameters in the human skin.
In: Proc. SPIE 2679, Advances in Laser and Light Spectroscopy to Diagnose Cancer and Other Diseases III: Optical Biopsy, (April 5, 1996); , 227-235

KIEFER, P., S. NUNES, P. KOSONEN u. J. TAKALA (2000):
Effect of positive end-expiratory pressure on splanchnic perfusion in acute lung injury.
Intensive Care Med 26, 376-383

KLOHNEN, A., A. M. VACHON u. A. T. FISCHER, JR. (1996):
Use of diagnostic ultrasonography in horses with signs of acute abdominal pain.
J Am Vet Med Assoc 209, 1597-1601

KREJCI, V., L. B. HILTEBRAND u. G. H. SIGURDSSON (2006):
Effects of epinephrine, norepinephrine, and phenylephrine on microcirculatory blood flow in the gastrointestinal tract in sepsis.
Crit Care Med 34, 1456-1463

KRUG, A. (2006):
Mikrozirkulation und Sauerstoffversorgung des Gewebes - Methode des so genannten O2C (oxygen to see).
Phlebologie 35, 300-312

KVIETYS, P. R., A. P. SHEPHERD u. D. N. GRANGER (1985):
Laser-Doppler, H2 clearance, and microsphere estimates of mucosal blood flow.
Am J Physiol Gastrointest Liver Physiol 249, 221-227

LAWSON, N. W. (1994):
Catecholamines: the first messengers.
Baillière's Clinical Anaesthesiology 8, 27–58

LE-CONG, P. u. B. W. ZWEIFACH (1979):
In vivo and in vitro velocity measurements in microvasculature with a laser.
Microvasc Res 17, 131-141

LEAPHART, C. L. u. J. J. TEPAS III (2007):
The gut is a motor of organ system dysfunction.
Surgery 141, 563-569

LEE, Y. H., K. W. CLARKE, H. I. ALIBHAI u. D. SONG (1998):
Effects of dopamine, dobutamine, dopexamine, phenylephrine, and saline solution on intramuscular blood flow and other cardiopulmonary variables in halothane-anesthetized ponies.
Am J Vet Res 59, 1463-1472

LIGHT, G. S., P. W. HELLYER u. C. R. SWANSON (1992):
Parasympathetic influence on the arrhythmogenicity of graded dobutamine infusions in halothane-anesthetized horses.
Am J Vet Res 53, 1154-1160

LINDNER, A., R. E. CUTLER u. G. GOODMAN (1979):
Synergism of dopamine plus furosemide in preventing acute renal failure in the dog.
Kidney Int 16, 158-166

LINDSAY, W. A., W. MCDONELL u. W. BIGNELL (1980):
Equine postanesthetic forelimb lameness: intracompartmental muscle pressure changes and biochemical patterns.
Am J Vet Res 41, 1919-1924

LINDSAY, W. A., G. M. ROBINSON, D. B. BRUNSON u. L. J. MAJORS (1989):
Induction of equine postanesthetic myositis after halothane-induced hypotension.
Am J Vet Res 50, 404-410

LUIPPOLD, G., E. KÜSTER, T. O. JOOS u. B. MÜHLBAUER (1998):
Dopamine D3 receptor activation modulates renal function in anesthetized rats.
Naunyn-Schmiedeberg's Arch Pharmacol 358, 690-693

LUNDGREN, O. (1989):
Autoregulation of intestinal blood flow: physiology and pathophysiology.
J Hypertens Suppl 7, S79-84

MACGREGOR, D. A., T. E. SMITH, R. C. PRIELIPP, J. F. BUTTERWORTH, R. L. JAMES u. P. E. SCUDERI (2000):
Pharmacokinetics of Dopamine in Healthy Male Subjects.
Anesthesiology 92, 338-346

MAINOUS, M. R., W. ERTEL, I. H. CHAUDRY u. E. A. DEITCH (1995):
The Gut: A Cytokine-Generating Organ in Systemic Inflammation?
Shock 4, 193-199

MAIR, T. S. u. L. J. SMITH (2005):
Survival and complication rates in 300 horses undergoing surgical treatment of colic. Part 3: Long-term complications and survival.
Equine Vet J 37, 310-314

MARINOSCI, G. Z., E. DE ROBERTIS, G. DE BENEDICTIS u. O. PIAZZA (2012):
Dopamine Use in Intensive Care: Are We Ready to Turn it Down?
Transl Med UniSa 4, 90-94

MARTIN, C., L. PAPAZIAN, G. PERRIN, P. SAUX u. F. GOUIN (1993):
Norepinephrine or dopamine for the treatment of hyperdynamic septic shock?
Chest 103, 1826-1831

MARTIN, K. (2010):
Klinische Untersuchung zur Gewebeoxygenierung und Mikrozirkulation an der transplantierten Niere.
Dissertation, Universität Rostock

MATCHER, S. J., M. COPE u. D. T. DELPY (1997):
In vivo measurements of the wavelength dependence of tissue-scattering coefficients between 760 and 900 nm measured with time-resolved spectroscopy.
Applied optics 36, 386-396

MATHESON, P. J., M. A. WILSON u. R. N. GARRISON (2000):
Regulation of Intestinal Blood Flow.
J Surg Res 93, 182-196

MISSALE C., NASH S.R., ROBINSON S.W., JABER M. u. CARON M.G. (1998):
Dopamine Receptors: From Structure to Function.
Physiol Rev 78, 189-225

MIZUNO, Y., H. AIDA u. T. FUJINAGA (1994):
Effects of Dobutamine Infusion in Dorsally Recumbent Isoflurane-Anesthetized Horses.
J Equine Sci 5, 87-94

MOORE, J. N., N. A. WHITE, J. N. BERG, C. M. TRIM u. H. E. GARNER (1981):
Endotoxemia following experimental intestinal strangulation obstruction in ponies.
Can J Comp Med 45, 330-332

MORELLI, A., C. ERTMER, S. REHBERG, M. LANGE, A. ORECCHIONI, A. LADERCHI, A. BACHETONI, M. D'ALESSANDRO, H. VAN AKEN, P. PIETROPAOLI u. M. WESTPHAL (2008):
Phenylephrine versus norepinephrine for initial hemodynamic support of patients with septic shock: a randomized, controlled trial.
Crit Care 12, 1-12

MORRIS, D. D. (1991):
Endotoxemia in horses. A review of cellular and humoral mediators involved in its pathogenesis.
J Vet Intern Med 5, 167-181

MOTOMURA, S., O. E. BRODDE, SCH, UUML u. H. J. MANN (1978):
No evidence for involvement of dopaminergic receptors in the positive isolated rabbit papillary muscle.
Jpn J Pharmacol 28, 145-153

MURPHY, M. B. u. W. J. ELLIOTT (1990):
Dopamine and dopamine receptor agonists in cardiovascular therapy.
Crit Care Med 18, S19

MURRELL, J. C. (2015):
Adrenergic Agents.
In: KURT A. GRIMM, LEIGH A. LAMONT, WILLIAM J. TRANQUILLI, STEPHEN A. GREENE und SHEILAH A. ROBERTSON
Veterinary Anesthesia and Analgesia, The Fifth Edition of Lumb and Jones
5th edition, Wiley-Blackwell, S. 183-195

NELSON, B. B., E. E. LORDAN u. D. M. HASSEL (2013):
Risk factors associated with gastrointestinal dysfunction in horses undergoing elective procedures under general anaesthesia.
Equine Vet J 45, 8-14

NEVIÈRE, R., D. MATHIEU, J. L. CHAGNON, N. LEBLEU u. F. WATTEL (1996):
The contrasting effects of dobutamine and dopamine on gastric mucosal perfusion in septic patients.
Am J Respir Crit Care Med 154, 1684-1688

NEWTON, D. J., D. K. HARRISON, C. J. DELANEY, J. S. BECK u. P. T. MCCOLLUM (1994):
Comparison of macro- and micro-lightguide spectrophotometric measurements of microvascular haemoglobin oxygenation in the tuberculin reaction in normal human skin.
Physiological Measurement 15, 115

NIEUWENHUIJZEN, G. A., E. A. DEITCH u. R. J. GORIS (1996):
Infection, the gut and the development of the multiple organ dysfunction syndrome.
Eur J Surg 162, 259-273

NIEUWENHUIJZEN, G. A. P. u. R. J. A. GORIS (1999):
The gut: the "motor" of multiple organ dysfunction syndrome?
Current Opinion in Critical Care 5, 126

NÖLDGE-SCHOMBURG, G. F. E., H. J. PRIEBE, K. ARMBRUSTER, B. PANNEN, J. HABERSTROH u. K. GEIGER (1996):
Different effects of early endotoxaemia on hepatic and small intestinal oxygenation in pigs.
Intensive Care Med 22, 795-804

NUNES, S., H. U. ROTHEN, L. BRANDER, J. TAKALA u. S. M. JAKOB (2004):
Changes in Splanchnic Circulation During an Alveolar Recruitment Maneuver in Healthy Porcine Lungs.
Anesth Analg 98, 1432-1438

NYMAN, G., B. FUNKQUIST, C. KVART, C. FROSTELL, L. TOKICS, A. STRANDBERG, H. LUNDQUIST, B. LUNDH, B. BRISMAR u. G. HEDENSTIERNA (1990):
Atelectasis causes gas exchange impairment in the anaesthetised horse.
Equine Vet J 22, 317-324

O'RIORDAN, J., H. A. O'BEIRNE, Y. YOUNG u. M. C. BELLAMY (1997):
Effects of desflurane and isoflurane on splanchnic microcirculation during major surgery.
Br J Anaesth 78, 95-96

O'DWYER, C., P. L. C. WOODSON MD, B. P. CONROY FFARCSI, C. Y. LIN PHD, D. J. DEYO DVM, T. UCHIDA MS u. W. E. JOHNSON MD (1997):
Regional Perfusion Abnormalities With Phenylephrine During Normothermic Bypass.
Ann Thorac Surg 63, 728-735

OBERDISSE, E. (1997):
Katecholamine.
In: H. OBERDISSE, KUSCHINSKY
Pharmakologie und Toxikologie 1. Auflage
Springer Verlag, S. 88-92

ÖBERG, P. Å., T. TENLAND u. G. E. NILSSON (1984):
Laser-Doppler Flowmetry—a Non-invasive and Continuous Method for Blood Flow Evaluation in Microvascular Studies.
Acta Med Scand 216, 17-24

OBI, T., A. KABEYAMA u. A. NISHIO (1994):
Participation of alpha 1- and beta 1-adrenoceptors in norepinephrine-induced contraction and relaxation of isolated equine coronary artery in vitro.
J Vet Med Sci 56, 353-357

OHTA, M., S. KURIMOTO, Y. ISHIKAWA, H. TOKUSHIGE, N. MAE, S.-I. NAGATA u. M. MAMADA (2013):
Cardiovascular Effects of Dobutamine and Phenylephrine Infusion in Sevoflurane-anesthetized Thoroughbred Horses.
J Vet Med Sci 75, 1443-1448

OVERGAARD, C. B. u. V. DŽAVÍK (2008):
Inotropes and Vasopressors: Review of Physiology and Clinical Use in Cardiovascular Disease.
Circulation 118, 1047-1056

OZONO, R., D. P. O'CONNELL, Z.-Q. WANG, A. F. MOORE, H. SANADA, R. A. FELDER u. R. M. CAREY (1997):
Localization of the Dopamine D1 Receptor Protein in the Human Heart and Kidney.
Hypertension 30, 725-729

PASCOE, P. J., J. E. ILKIW u. B. H. PYPENDOP (2006):
Effects of increasing infusion rates of dopamine, dobutamine, epinephrine, and phenylephrine in healthy anesthetized cats.
Am J Vet Res 67, 1491-1499

PEDERSEN, T., K. ELIASEN u. E. HENRIKSEN (1990):
A prospective study of mortality associated with anaesthesia and surgery: risk indicators of mortality in hospital.
Acta Anaesthesiol Scand 34, 176-182

PHILIPP, M. u. L. HEIN (2004):
Adrenergic receptor knockout mice: distinct functions of 9 receptor subtypes.
Pharmacology & Therapeutics 101, 65-74

PITTNER, A., M. NALOS, P. ASFAR, Y. YANG, C. INCE, M. GEORGIEFF, U. BRÜCKNER, P. RADERMACHER u. G. FRÖBA (2003):
Mechanisms of inducible nitric oxide synthase (iNOS) inhibition-related improvement of gut mucosal acidosis during hyperdynamic porcine endotoxemia.
Intensive Care Med 29, 312-316

PRINGLE, J., C. ROBERTS, T. ART u. P. LEKEUX (2000):
Assessment of muscle oxygenation in the horse by near infrared spectroscopy.
Equine Vet J 32, 59-64

PRINGLE, J., C. ROBERTS, M. KOHL u. P. LEKEUX (1999):
Near Infrared Spectroscopy in Large Animals: Optical Pathlength and Influence of Hair Covering and Epidermal Pigmentation.
Vet J 158, 48-52

PROUDMAN, C. J., A. H. A. DUGDALE, J. M. SENIOR, G. B. EDWARDS, J. E. SMITH, M. L. LEUWER u. N. P. FRENCH (2006):
Pre-operative and anaesthesia-related risk factors for mortality in equine colic cases.
Vet J 171, 89-97

PROUDMAN, C. J., J. E. SMITH, G. B. EDWARDS u. N. P. FRENCH (2002):
Long-term survival of equine surgical colic cases. Part 1: patterns of mortality and morbidity.
Equine Vet J 34, 432-437

RAHMAN, S., B. AMMORI, J. HOLMFIELD, M. LARVIN u. M. MCMAHON (2003):
Intestinal hypoperfusion contributes to gut barrier failure in severe acute pancreatitis.
J Gastrointest Surg 7, 26-36

RAISIS, A. L. (2005a):
Skeletal muscle blood flow in anaesthetized horses. Part I: measurement techniques.
Vet Anaesth Analg 32, 324-330

RAISIS, A. L. (2005b):
Skeletal muscle blood flow in anaesthetized horses. Part II: effects of anaesthetics and vasoactive agents.
Vet Anaesth Analg 32, 331-337

RAISIS, A. L., L. E. YOUNG, K. J. BLISSITT, K. WALSH, H. B. MEIRE, P. M. TAYLOR u. P. LEKEUX (2000a):
Effect of a 30-minute infusion of dobutamine hydrochloride on hind limb blood flow and hemodynamics in halothane-anesthetized horses.
Am J Vet Res 61, 1282-8

RAISIS, A. L., L. E. YOUNG, H. MEIRE, K. WALSH, P. M. TAYLOR u. P. LEKEUX (2000b):
Repeatability of Doppler ultrasound measurements of hindlimb blood flow in halothane anaesthetised horses.
Equine Vet J 32, 239-246

RAISIS, A. L., L. E. YOUNG, H. B. MEIRE, P. M. TAYLOR, K. J. BLISSITT, D. MARLIN u. P. LEKEUX (2000c):
Measurements of hindlimb blood flow recorded using Doppler ultrasound during administration of vasoactive agents in halothane-anesthetized horses.
Vet Radiol Ultrasound 41, 64-72

RAISIS, A. L., L. E. YOUNG, P. M. TAYLOR, K. P. WALSH u. P. LEKEUX (2000d):
Doppler ultrasonography and single-fiber laser Doppler flowmetry for measurement of hind limb blood flow in anesthetized horses.
Am J Vet Res 61, 286-290

REICHERT, C., K. HOPSTER u. S. KÄSTNER (2014):
Use of micro-lightguide spectophotometry for evaluation of microcirculation in the small and large intestines of horses without gastrointestinal disease
Am J Vet Res 75, 990-996

REINELT, H., P. RADERMACHER, P. KIEFER, G. FISCHER, U. WACHTER, J. VOGT u. M. GEORGIEFF (1999):
Impact of exogenous beta-adrenergic receptor stimulation on hepatosplanchnic oxygen kinetics and metabolic activity in septic shock.
Crit Care Med 27, 325-331

REVELLY, J. P., T. AYUSE, N. BRIENZA, H. E. FESSLER u. J. L. ROBOTHAM (1996):
Endotoxic shock alters distribution of blood flow within the intestinal wall.
Crit Care Med 24, 1345-1351

ROBERTSON, S. A., J. A. MALARK, C. J. STEELE u. C. L. CHEN (1996):
Metabolic, hormonal, and hemodynamic changes during dopamine infusions in halothane anesthetized horses.
Vet Surg 25, 88-97

ROBIE, N. W. u. L. I. GOLDBERG (1975):
Comparative systemic and regional hemodynamic effects of dopamine and dobutamine.
Am Heart J 90, 340-345

ROSATI, M., D. H. DYSON, M. D. SINCLAIR u. W. C. SEARS (2007):
Response of hypotensive dogs to dopamine hydrochloride and dobutamine hydrochloride during deep isoflurane anesthesia.
Am J Vet Res 68, 483-494

ROTERING, R. H., JR., J. A. DIXON, G. A. HOLLOWAY, JR. u. D. W. MCCLOSKEY (1982):
A comparison of the He Ne laser and ultrasound Doppler systems in the determination of viability of ischemic canine intestine.
Ann Surg 196, 705-708

ROTHENBERGER, J., A. AMR, H.-E. SCHALLER u. A. RAHMANIAN-SCHWARZ (2013):
Evaluation of a non-invasive monitoring method for free flap breast reconstruction using laser doppler flowmetrie and tissue spectrophotometry.
Microsurgery 33, 350-357

ROTHENBERGER, J., M. HELD, P. JAMINET, J. SCHIEFER, W. PETERSEN, H.-E. SCHALLER u. A. RAHMANIAN-SCHWARZ (2014):
Assessment of microcirculatory changes of cold contact injuries in a swine model using laser Doppler flowmetry and tissue spectrophotometry.
Burns 40, 725-730

ROTTER, R., R. KRAEMER, I. STRATOS, P. VOGT, B. VOLLMAR, T. MITTLMEIER u. K. KNOBLOCH (2012):
Compartmental and muscular response to closed soft tissue injury in rats investigated by oxygen-to-see and intravital fluorescence microscopy.
J Trauma Acute Care Surg 73, 73-79

SAKAGUCHI, M., K. B. HOSIE, D. GOUREVITCH, R. TUDOR, K. HIOKI, M. YAMAMOTO, H. L. YOUNG u. M. R. B. KEIGHLEY (1990):
Laser Doppler assessment of human colonic blood flow.
Journal of Medical Engineering & Technology 14, 188-189

SANDERS, E., R. GLEED, R. HACKETT u. A. DOBSON (1991):
Action of sympathomimetic drugs on the bronchial circulation of the horse.
Experimental Physiology 76, 301-304

SANTMAN, F. W. (1992):
Catecholamines in critical care. The commonly used catecholamines: receptor and clinical profile, indications and dosages.
Pharm Weekbl Sci 14, 290-296

SCHAUVLIEGE, S. u. F. GASTHUYS (2013):
Drugs for Cardiovascular Support in Anesthetized Horses.
Vet Clin North Am Equine Pract 29, 19-49

SCHEEREN, T. W. L., K. MARTIN, M. MARUSCHKE u. O. W. HAKENBERG (2011):
Prognostic value of intraoperative renal tissue oxygenation measurement on early renal transplant function.
Transplant International 24, 687-696

SCHREUDER, W. O., A. J. SCHNEIDER, A. B. GROENEVELD u. L. G. THIJS (1989):
Effect of dopamine vs norepinephrine on hemodynamics in septic shock. emphasis on right ventricular performance.
CHEST Journal 95, 1282-1288

SCHÜTZ, W., T. ANHÄUPL u. A. GAUSS (2000):
Grundsätze der Katecholamintherapie. Teil 1: Charakterisierung der therapeutisch bedeutsamen Sympathomimetika.
Anästhesiol Intensivmed Notfallmed Schmerzther 35, 67-81

SCHWARTE, L. A., A. FOURNELL, J. VAN BOMMEL u. C. INCE (2005):
Redistribution of intestinal microcirculatory oxygenation during acute hemodilution in pigs.
J Appl Physiol 98, 1070-1075

SCHWARTE, L. A., O. PICKER, A. W. SCHINDLER, A. FOURNELL u. T. W. L. SCHEEREN (2003):
Fenoldopam, but not dopamine, selectively increases gastric mucosal oxygenation in dogs.
Crit Care Med 31, 1999-2005

SCHWARTE, L. A., O. PICKER, A. W. SCHINDLER, A. FOURNELL u. T. W. L. SCHEEREN (2004):
Dopamine under α1-blockade, but not dopamine alone or fenoldopam, increases depressed gastric mucosal oxygenation.
Crit Care Med 32, 150-156

SCHWARTE, L. A., I. SCHWARTGES, P. SCHOBER, T. W. L. SCHEEREN, A. FOURNELL u. O. PICKER (2010):
Sevoflurane and propofol anaesthesia differentially modulate the effects of epinephrine and norepinephrine on microcirculatory gastric mucosal oxygenation.
Br J Anaesth 105, 421-428

SCHWARZ, B., H. HOFSTÖTTER, N. SALAK, W. PAJK, H. KNOTZER, A. MAYR, B. LABECK, R. KAFKA, H. ULMER u. W. HASIBEDER (2001):
Effects of norepinephrine and phenylephrine on intestinal oyxgen supply and mucosal tissue oxygen tension.
Intensive Care Med 27, 593-601

SCOTT, E. A. u. G. A. SANDLER (1978a):
Electromagnetic blood flowmeters and flow probes: theoretic and practical considerations.
Am J Vet Res 39, 1567-1571

SCOTT, E. A. u. G. A. SANDLER (1978b):
Electromagnetic measurements of metacarpal and digital blood flow in the pony.
Am J Vet Res 39, 1853-1855

SCOTT, E. A. u. G. A. SANDLER (1980):
Electromagnetic measurements of metacarpal blood flow in nonanesthetized horses.
Am J Vet Res 41, 1150-1152

SECCHI, A., R. WELLMANN, E. MARTIN u. H. SCHMIDT (1997):
Dobutamine maintains intestinal villus blood flow during normotensive endotoxemia: An intravital microscopic study in the rat.
J Crit Care 12, 137-141

SECKER, C. u. P. SPIERS (1997):
Accuracy of pulse oximetry in patients with low systemic vascular resistance.
Anaesthesia 52, 127-130

SEGAL, J. M., P. T. PHANG u. K. R. WALLEY (1985):
Low-dose dopamine hastens onset of gut ischemia in a porcine model of hemorrhagic shock.
J Appl Physiol 73, 1159-1164

SENIOR, J. M., C. J. PROUDMAN, M. LEUWER u. S. D. CARTER (2011):
Plasma endotoxin in horses presented to an equine referral hospital: correlation to selected clinical parameters and outcomes.
Equine Vet J 43, 585-591

SERTEYN, D., P. COPPENS, E. MOTTART, S. MICHELET, J. MICHEELS, C. PHILIPPART u. M. LAMY (1987):
Measurements of muscular microcirculation by laser Doppler flowmetry in isoflurane and halothane anaesthetised horses.
Vet Rec 121, 324-326

SERTEYN, D., L. LAVERGNE, P. COPPENS, E. MOTTART, C. PHILIPPART, M. MICHEELS u. M. LAMY (1988):
Equine post anaesthetic myositis: muscular post ischaemic hyperaemia measured by laser Doppler flowmetry.
Vet Rec 123, 126-8.

SERTEYN, D., E. MOTTART, C. MICHAUX, J. MICHEELS, C. PHILIPPART, L. LAVERGNE, C. GUILLON u. M. LAMY (1986):
Laser Doppler flowmetry: muscular microcirculation in anaesthetized horses.
Equine Vet J 18, 391-395

SHEPPERSON, N. B., N. DUVAL u. S. Z. LANGER (1982):
Dopamine decreases mesenteric blood flow in the anaesthetised dog through the stimulation of postsynaptic α2-adrenoceptors.
Eur J Pharmacol 81, 627-635

SINGH, D., I. BAIN u. D. HARRISON (2010):
Use of Visible Spectrophotometry to Assess Tissue Oxygenation in the Colostomy Stoma.
In: E. TAKAHASHI und D. F. BRULEY
Oxygen Transport to Tissue XXXI
Springer US, S. 273-278

SINGH, D., G. STANSBY, I. BAIN u. D. HARRISON (2009):
Intraoperative Measurement Of Colonic Oxygenation During Bowel Resection.
In: P. LISS, P. HANSELL, D. BRULEY und D. HARRISON
Oxygen Transport to Tissue XXX
Springer US, S. 261-266

SINGH, D., G. STANSBY u. D. K. HARRISON (2008):
Assessment of Oxygenation and Perfusion in the Tongue and Oral Mucosa by Visible Spectrophotometry and Laser Doppler Flowmetry in Healthy Subjects.
In: K. KANG, D. HARRISON und D. BRULEY
Oxygen Transport to Tissue XXIX
Springer US, S. 227-233

SIRAGY, H. M., R. A. FELDER, M. J. PEACH u. R. M. CAREY (1992):
Intrarenal DA2 dopamine receptor stimulation in the conscious dog.
Am J Physiol Renal Physiol 262, F932-F938

SMILEY, R. M., M. M. KWATRA u. D. A. SCHWINN (1998):
New developments in cardiovascular adrenergic receptor pharmacology: Molecular mechanisms and clinical relevance.
J Cardiothorac Vasc Anesth 12, 80-95

SOMMER, B., G. BERSCHIN u. H. M. SOMMER (2013):
Microcirculation Under an Elastic Bandage During Rest and Exercise - Preliminary Experience With the Laser-Doppler Spectrophotometry System O2C.
J Sports Sci Med 12, 414-421

SPANOS, A., S. JHANJI, A. VIVIAN-SMITH, T. HARRIS u. R. M. PEARSE (2010):
Early microvascular changes in sepsis and severe sepsis.
Shock 33, 387-391

STARKE, K. u. I. B. FREIBURG (2005a):
Adrenozeptor-Agonisten.
In: AKTORIES, FÖRSTERMANN, HOFMANN und STARKE
Allgemeine Pharmakologie und Toxikologie
9. Auflage, Elsevier GmbH, München, S. 179-185

STARKE, K. u. I. B. FREIBURG (2005b):
Grundlagen der Pharmakologie des Nervensystems.
In: AKTORIES, FÖRSTERMANN, HOFMANN und STARKE
Allgemeine Pharmakologie und Toxikologie
9. Auflage, Elsevier GmbH, München, S. 116-131

STEFFEY, E. P. u. D. HOWLAND (1980):
Comparison of circulatory and respiratory effects of isoflurane and halothane anesthesia in horses.
Am J Vet Res 41, 821-825

STEINBERG, S., G. AZAR, R. LOVE, R. LEE, E. CHOE u. L. FLINT (1996):
Dopexamine prevents depression of mesenteric blood flow caused by positive end-expiratory pressure in rats.
Surgery 120, 597-601

STROJNIK, M. u. G. PAEZ (2013):
Spectral dependence of absorption sensitivity on concentration of oxygenated hemoglobin: pulse oximetry implications.
J Biomed Opt 18, 108001-108001

SUMMERS, R. J. u. L. R. MCMARTIN (1993):
Adrenoceptors and Their Second Messenger Systems.
J Neurochem 60, 10-23

SUTTON, G. A., R. ERTZMAN-GINSBURG, A. STEINMAN u. J. MILGRAM (2009):
Initial investigation of mortality rates and prognostic indicators in horses with colic in Israel: a retrospective study.
Equine Vet J 41, 482-486

SWANK, G. M. u. E. A. DEITCH (1996):
Role of the gut in multiple organ failure: bacterial translocation and permeability changes.
World J Surg 20, 411-417

SWANSON, C. R. u. W. W. MUIR, 3RD (1986):
Dobutamine-induced augmentation of cardiac output does not enhance respiratory gas exchange in anesthetized recumbent healthy horses.
Am J Vet Res 47, 1573-6

SWANSON, C. R. u. W. W. MUIR, 3RD (1988):
Hemodynamic and respiratory responses in halothane-anesthetized horses exposed to positive end-expiratory pressure alone and with dobutamine.
Am J Vet Res 49, 539-42

SWANSON, C. R., W. W. MUIR, R. M. BEDNARSKI, R. T. SKARDA u. J. A. HUBBELL (1985):
Hemodynamic responses in halothane-anesthetized horses given infusions of dopamine or dobutamine.
Am J Vet Res 46, 365-370

TALKE, P. u. C. STAPELFELDT (2006):
Effect of peripheral vasoconstriction on pulse oximetry.
J Clin Monit Comput 20, 305-309

TAYLOR, S. (2015):
A review of equine sepsis.
Equine Vet Educ 27, 99-109

TERAKAWA, Y. u. T. ICHINOHE (2012):
Large-Dose Epinephrine Reduces Skeletal Muscle Blood Flow Under General Anesthesia in Rabbits.
Anesth Prog 59, 118-122

THEUER, C. J., M. A. WILSON, G. D. STEEB u. R. N. GARRISON (1993):
Microvascular vasoconstriction and mucosal hypoperfusion of the rat small intestine during bacteremia.
Circ Shock 40, 61-68

THOMAS, R. L., D. WATSON u. L. E. MARSHALL (1987):
Review of Intermittent Dobutamine Infusions for Congestive Cardiomyopathy.
Pharmacotherapy 7, 47-53

THOREN, A., M. ELAM u. S. E. RICKSTEN (2000):
Differential effects of dopamine, dopexamine, and dobutamine on jejunal mucosal perfusion early after cardiac surgery.
Crit Care Med 28, 2338-2343

TINKER, M. K., N. A. WHITE, P. LESSARD, C. D. THATCHER, K. D. PELZER, B. DAVIS u. D. K. CARMEL (1997):
Prospective study of equine colic incidence and mortality.
Equine Vet J 29, 448-453

TRANQUILLI, W. J., M. MANOHAR, J. C. THURMON, G. J. BENSON, R. V. SHAWLEY u. D. L. FELLER (1981):
Surgical technique and considerations for implantation of electromagnetic blood flow transducer and occluder onto the coronary arteries.
Am J Vet Res 42, 892-895

TRIM, C. M., J. N. MOORE u. N. A. WHITE (1985):
Cardiopulmonary effects of dopamine hydrochloride in anaesthetised horses.
Equine Vet J 17, 41-44

VALVERDE, A., S. GIGUÃ¨RE, L. C. SANCHEZ, A. SHIH u. C. RYAN (2006):
Effects of dobutamine, norepinephrine, and vasopressin on cardiovascular function in anesthetized neonatal foals with induced hypotension.
Am J Vet Res 67, 1730-1737

VAN HARREVELD, P. D., J. COX u. D. S. BILLER (1999):
Phenylephrine HCl as a treatment of nephrosplenic entrapment in a horse.
Equine Vet Educ 11, 282-284

VINCENT, J.-L. (2008):
Understanding cardiac output.
Crit Care 12, 174-174

WEAVER, B. M., C. E. LUNN u. G. E. STADDON (1984):
Muscle perfusion in the horse.
Equine Vet J 16, 66-68

WHITNEY, R. J. (1953):
The measurement of volume changes in human limbs.
J Physiol (Lond) 121, 1-27

WHITWORTH, P. W., H. M. CRYER, R. N. GARRISON, T. E. BAUMGARTEN u. P. D. HARRIS (1989):
Hypoperfusion of the intestinal microcirculation without decreased cardiac output during live Escherichia coli sepsis in rats.
Circulatory shock 27, 111-122

WIEDEMAN, M. P. (1981):
An Introduction To Microcirculation.
1, Academic Press INC, New York, NY

WIEST, R. u. H. C. RATH (2003):
Bacterial translocation in the gut.
Best Pract Res Clin Gastroenterol 17, 397-425

WOO, A. Y. H. u. R.-P. XIAO (2012):
[beta]-Adrenergic receptor subtype signaling in heart: From bench to bedside.
Acta Pharmacol Sin 33, 335-341

XU, D., L. QI, D. GUILLORY, N. CRUZ, R. BERG u. E. A. DEITCH (1993):
Mechanisms of endotoxin-induced intestinal injury in a hyperdynamic model of sepsis.
J Trauma Acute Care Surg 34, 676-683

YOUNG, L. E., K. J. BLISSITT, R. E. CLUTTON u. V. MOLONY (1998):
Haemodynamic effects of a sixty minute infusion of dopamine hydrochloride in horses anaesthetised with halothane.
Equine Vet J 30, 310-315

YOUNG, S. S. u. P. M. TAYLOR (1993):
Factors influencing the outcome of equine anaesthesia: a review of 1,314 cases.
Equine Vet J 25, 147-151

ZENG, C., M. ZHANG, LAUREANO D. ASICO, GILBERT M. EISNER u. PEDRO A. JOSE (2007):
The dopaminergic system in hypertension.
Clin Sci 112, 583-597

ZIJLSTRA, W. G., A. BUURSMA u. O. W. VAN ASSENDELFT (2000):
Visible and Near Infrared Absorption Spectra of Human and Animal Haemoglobin Determination and Application.
CRC Press, Taylor & Francis Ltd.

Danksagung

An erster Stelle möchte ich bei meinen wissenschaftlichen Betreuern bedanken. Prof. Dr. Sabine Kästner und Dr. Klaus Hopster haben mir durch die Vergabe diese Themas die Möglichkeit gegeben meine Leidenschaft für die Anästhesie zu entdecken und haben so meinen weiteren Lebensweg intensiv mit gestaltet. Die enge und reibungslose Zusammenarbeit hat es ermöglicht ein Projekt auf die Beine zu stellen und durchzuführen, welches mir viel Freude bereitet hat und mir viele Türen für die Zukunft geöffnet hat. Die vielen Stunden mit Klaus im OP waren nicht nur wissenschaftlich bereichernd sondern auch mehr als unterhaltsam und ich bin sehr dankbar für die viele Hilfe beim Auswerten der Daten und beim Anfertigen der Arbeit.

Ich möchte mich bei allen Mitarbeitern der Klinik für Pferde, unter der Leitung von Herrn Prof. Dr. Feige, bedanken, ohne die die Durchführung der Versuche nicht möglich gewesen wäre. Den Tierpflegern danke ich für den Transport und die gute Pflege der Pferde, sowie dem OP-Personal für das Aufbauen und Reinigen der Versuchsräumlichkeiten und dem Helfen beim Einleiten und Lagern der Pferde.

Ich danke meinen Kollegen und engen Freunden aus dem Internship, die mir viel geholfen haben und stets an meiner Seite standen.

Ich danke Frau Dr. Charlotte Hopster-Iversen für die Anfertigung der echokardiographischen Untersuchungen und der großzügigen Hilfe bei der Durchführung der Versuche und Herrn Dr. Karl Rohn für die Hilfe bei der statistischen Auswertung.

Mein größter Dank geht jedoch an meine Familie, ohne deren bedingungslose Liebe und Unterstützung ich diesen Weg nie hätte gehen können, vielen Dank!